TOP 50新锐国际时装设计师
——时尚·创意·设计

U0189772

国际时尚设计丛书·服装

TOP 50新锐国际时装设计师
——时尚·创意·设计

[西]那塔里奥·马丁·阿约罗　著

杜冰冰　译

中国纺织出版社

内 容 提 要

本书作者访问了50位新锐时装设计师，向我们展示了著名设计师是如何给作品定位、寻找灵感源、进行创意设计，并通过独特的表现手法来展现其设计理念。这50位新锐国际时装设计师对时尚进行了各自风格鲜明的阐述，并将各自的时装设计创作过程全部展现出来，同时呈现给我们完美的设计作品。书中采用了超过2000幅的插图和图像，探寻了每种设计的灵感源、设计过程以及绝妙的成品。

本书内容新颖、实用，适合服装院校师生、时装设计师以及热爱时尚的读者阅读。

原文书名：1 BRIEF, 50 DESIGNERS, 50 SOLUTIONSIN IN FASHION DESIGN

原作者名：Natalio Martín Arryo

著作权合同登记号：图字：01-2012-6828

图书在版编目（CIP）数据

TOP50新锐国际时装设计师：时尚·创意·设计／（西）阿约罗著；杜冰冰译. --北京：中国纺织出版社，2015.9

（国际时尚设计丛书. 服装）

ISBN 978-7-5180-1755-3

Ⅰ．①T… Ⅱ．①阿…②杜… Ⅲ．①服装设计 Ⅳ．①TS941.2

中国版本图书馆CIP数据核字（2015）第139570号

责任编辑：华长印　　特约编辑：何丹丹　　责任校对：寇晨晨
责任设计：何　建　　责任印制：储志伟

中国纺织出版社出版发行
地址：北京市朝阳区百子湾东里A407号楼　邮政编码：100124
销售电话：010—67004422　传真：010—87155801
http://www.c-textilep.com
E-mail：faxing@c-textilep.com
中国纺织出版社天猫旗舰店
官方微博 http://weibo.com/2119887771
北京利丰雅高长城印刷有限公司印刷　各地新华书店经销
2015年9月第1版第1次印刷
开本：787×1092　1/16　印张：24
字数：168千字　定价：88.00元

凡购本书，如有缺页、倒页、脱页，由本社图书营销中心调换

目录Contents

激情洋溢的时尚设计
Passion for fashion

　　此本以"时尚/创意/设计"命名的书籍给我们带来的是在时尚设计的康庄大道上如何妙手丹青，这些林林总总被记录在册的方案与策略的意图亦是在此。非常感谢50位设计师的合作，与大家分享他们精彩的创作经验和设计历程。

　　也许你还记得在电影《穿普拉达的女魔头》（*The Devil Wears Prada*）中，女主角安蒂·萨克斯（Andy Sachs）（由安妮·海瑟薇饰演）曾经遭遇其女上司米兰达·普雷斯丽（Miranda Priestly）（由梅里尔·斯特里普饰演）的一个窘境；设计师奥斯卡·得拉伦塔（Oscar de la Renta）（美国著名时装设计师）在他首个系列中发布了一款蔚蓝色设计，其后一鸣惊人，并且作为具有季节标志性的色彩遍及该设计师所开设的世界各地的时装店中，也为当时的时尚产业贡献了数以百万美金的业绩。再多的言语也是徒劳的，因为这一令人仰慕与尊敬的款式本身蕴藏了很多美妙构思。

　　了解并掌握时尚这一错综复杂的产业的运行与管理不是一件容易的事情。总有一些新鲜事物需要不断学习，如有细节的设计以及有趣味的组成部分等。有时我们会期待并提出问题，怎样一款大家从未见过且令人眼前一亮的款式即将出现在下个月的国际时尚杂志上？时尚流行趋势从何而来？是哪种文化影响了这个系列的设计？什么计算机软件的辅助服装设计是专家们推荐的呢？

　　这本书是针对那些对时尚充满了好奇心，并且在时尚创作实践旅途中保持正确姿态的爱好者们而准备的。因此，在具体介绍每一位设计师之前，我们从非常专业的角度综述概括时装设计创作的整个过程。这些内容从我们需要去了解的一些基本内容开始，来了解整个时尚创意产业。也许我们正向打造（下一季）Miranda Priestly而迈进，因为如同她一般，我们都热爱激情洋溢的时尚设计。

前一页：设计选自于郑马胜（Mason Jung）的面料设计，标题为Sleeping Suit；款式设计：堀内太郎（Taro Horiuchi）

本页：印花面料来自于亚历克西·弗里曼（Alexi Freeman）的最新系列，模特卢西恩·托姆金斯（Lucien Thomkins）的背心由FXDXV提供（摄影Rull&Ferrater），鞋子出自于阿玛亚·阿苏亚加（Amaya Arzuaga）2010～2011秋冬系列

敲门声……请进！

　　50位精彩纷呈的时装设计师在此将打开他们工作室的大门，并展示他们是如何进行设计创作的，以及如何从概念的构思拓展到最终的设计成果。他们当中包括了那些已经具有很深造诣的职业设计师和从声名显赫的时装学院新晋毕业的年轻设计师，同时还有一些用自己的睿智来表达时装设计且多才多艺的艺术家们。在此书的写作期间，有幸能够和他们中的一些设计师相聚在咖啡或下午茶时间，在聊天的过程中分享了他们设计中有趣的故事。每一位设计者都有着与众不同的状态，而最激动人心的是能够探索每一个蕴藏在设计师品牌名字标签下所展示出的真正面貌。

　　我之所以着重强调"每个人"是因为时装设计取决于每个设计师的个人品位、各自的感受以及所采纳的设计素材，并最终得以认可成为某消费者衣橱中的一员。这也是为什么在着手对50位设计师进行梳理时，我决定更多关注的是人（人与人），在此情况下选择了有型有风尚的——时尚男女（*It Boy*和*It Girl*）。

　　如果设计师们需要选择他们所对应的时尚男女（*It Boy*和*It Girl*），也就是提及的"设计目标"，那么他们到底是谁？有什么样的愿望与时尚态度？以及他们将会穿着成什么样？在标题为"Dressing my it"的内容中，设计师有机会诠释他们的设想，告诉我们这些设计目标针对的是谁，谁又是他们设计的灵感来源以及整个创作过程是怎样的。

装点心目中的她/他 Dressing my It

　　术语*It*是由小说家及剧作家艾琳娜·格林（Elinor Glyn）提出的，并用于描绘1927年好莱坞默片时代的女星克拉拉·鲍（Clara Bow）塑造的形象。据格林描述："*It*是一种特性，拥有它的人就像具有一种强烈的磁力。如果是女性，*It Girl*具有吸引所有男性的魔力；如果是男性，*It Boy*具有吸引所有女性的魔力。*It*可以是肉体的吸引力，也可以是精神的吸引力。"

　　在近几十年的演进中，它又被赋予了不同的内涵。曾经一段时间里，它被用于贬义的形容词，用于描绘那些只注重自己的外表，甚至是一些看起来比较精灵古怪装束的女孩。而如今，人们对*It Girl*和*It Boy*所关心的不只是其外在的美，还包含了是否优雅与友善等品质的内在美。他们寻找一种与众不同的时尚方式和生活信仰，或是一种截然不同的思维方式。互联网的发展赋予它更多的含义，特别感谢的是那些时尚博客们，在微博里能找到本季中他们最满意的时尚系列，以及在一些重要场合他们的穿着是什么样的，甚至还有微博暴露了在他们的壁橱里到底储藏了多少双鞋子。时尚设计专业的学生、模特们，一些音乐家、设计师、演员、摄影师以及形象设计人员等，在这些人之中，正逐渐涌现出不断被时装设计师和国际主流杂志所关注的新兴人群。

　　术语*It Girl*和*It Boy*还可以用来描述那些穿着时尚并具有强烈的吸引力甚至可以成为潮流制造者的一群人，他们独树一帜的时尚态度令人敬仰。

It Boy 典型人物访谈

佩拉约王子 PRINCE PELAYO

佩拉约王子的全名是佩拉约·迪亚斯·扎皮柯（Pelayo Diaz Zapico），很多人称呼其为佩王子（Prince Pe）。他于1986年出生在西班牙的奥维耶多，现旅居伦敦，并在享负盛名的中央圣马丁艺术学院学习时装设计。2007年，他建立了一个名为"Katelovesme"的微博，之所以起这个名，是因为他非常崇拜英国著名时装模特凯特·摩丝（Kate Moss）。三年的时间使得佩拉约成为知名的*It Boy*，一个实实在在的新媒体名人，一个能够代表大多数新生代的典范，因为在他的微博里经常能够分享到来自世界各地的时尚和潮流信息，挖掘并呈现出位于伦敦、米兰、巴塞罗那以及纽约的一些酷劲十足的派对，同时也能感受到他和好友*It Girl*卡娜·冈萨雷斯（Gala Gonzalez, am-lul.blogspot.com）在时尚购物时的美妙体会。我们能够在世界各地的杂志上找到他，他的名字也成百上千次地出现在微博和网站上，他还经常被安排在一些名人时装秀的第一排，如来自米兰的Desquared和Dolce & Gabbana以及来自巴黎的Neil Barrett的时装秀。这些都归因于他个人的时尚魅力，包括他的穿衣态度，出众的个性，以及真诚而感悟地表达。

在哪里可以找到他？

博客：www.katelovesme.net

社交网站：twitter.com/princepelayo

　　　　　　chictopia.com/katelovesme

感兴趣的：

我们通过谷歌的的点击率来了解其在媒体上的影响。"Katelovesme" 75000个结果；"Prince Pelayo" 80600个结果；"Pelayo Diaz Zapico" 31000个结果（2010年6月）。

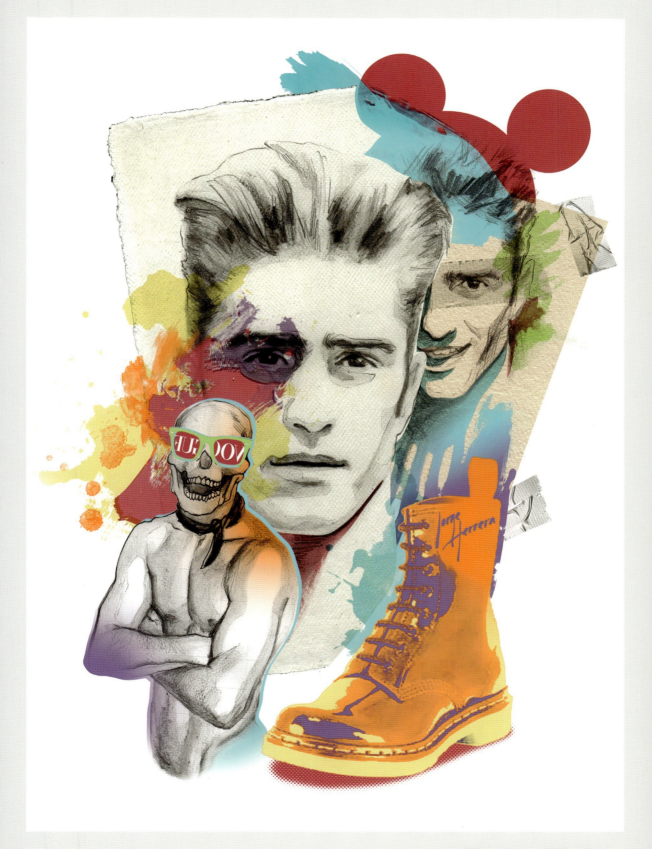

当你在2009年3月开始你的Katelovesme微博，并在第一个帖子中说："开始一个博客不会在初期有很多的访问，因为这些都需要一定的时间……"。当你写这些的时候，有没有想过只有不到两年的时间，你的访客就突破了250万？每天大概有4000左右的跟帖有否让你感觉到无法呼吸了？

　　在刚开始Katelovesme的微博中的确跟进的人不多，而在另外一个平台上我也有发表的内容，由于不断地被删减而决定不再回复了。我记得大概一年多以后，当查阅微博的计数器时，哇喔……我自己都惊呆了，大概每天有4000左右的人跟帖，完全有了很大的变化。而那时大家都是在说自己的想法，对我所发表的内容只有一点点是跟进的，但是那也无妨。

　　很快就有人使用"*It Boy*"的称谓来给你冠名。据格林的描述，拥有这个称呼的人如同具有了强烈的磁力。如是所说，你能否告诉我们是什么样有吸引力的内容如此激发他们的感受？

　　我不知道还有这样的吸引力引来大家的关注，我只是把我自己的时尚态度和能够激发大家兴趣点的一些所思所想做了一些表达，当然主要是让大家来了解我。相信每一个人都与众不同并拥有自己看待事物的角度与方法。也许我看待问题的方式具有一定的磁场效应。

　　作为一个知名的It Boy，你觉得哪些是最开心的和最不开心的？

　　我觉得最开心的是能够碰到这么多的朋友。这些朋友也许很快就能够见面，并且这件事情看起来很容易。最不开心的？我想是一些朋友似乎看起来理解了我的意图，而实际上看法完全不一样，但这就是生活……

Katelovesme微博上张贴的图片
下图：由里卡多·赫根巴特
（Ricardo Hegenbart）摄影

你的媒体影响力一直在增长，也做了一些广告宣传，在 *Nylon*、*GQ*、*Vogue Korea*、*Vanidad*、*L'officiel Hommes*、*H Maganize*以及*i-D*等杂志上有很多关于你的文章。你认为除了通过Katelovesme的微博获得的声誉，还有一些什么样的收益呢？

每个人都有自己的生活。一定的媒体影响力能够让大家知道你，并且有机会倾听你的声音。对于我而言，这样一个偶然的机会给予了我一定的准备，并且能够让我驾轻就熟的在毕业时被大家认知。

我回想起在我们的交流过程当中，你认为微博所给你带来的一些益处有时只是巧合，而你的博客生活还将继续，也许有些内容你没有告诉大家。现在能否给我们透露一些线索，比如将来的你会有怎样的发展，你所努力并期待实现的价值观是什么样的？

将来我希望能够拥有自己的品牌，并成为我生活的一部分。在我的系列创作中植入我个人的想法并能够引起共鸣，当大家打开时尚杂志和登入微博时能够继续来看看我。至于价值观，正如同我在孩童时所学到的：积极努力，诚恳待人，并拥有不屈不挠的精神。

模特、形象设计师、潮流预测者、设计师……你多才多艺并恰如其分地扮演各种时尚角色。而我们所了解的你至少是一位设计师，因为你在这个方面也获得过非常好的训练。你有否觉得有压力，因为成为设计师有那么多棘手的事情需要面对？

有时我在想，只要能够把一些事情做了就足以了……然后我一觉醒来，发现从来都未停下来。我不太在乎别人的想法，关于我成为一名设计师的理由和大家来购买我的时装设计等事情。如果我不做设计师这个工作，时尚行业里有大量的、不同的工作可以选择，一些工作不仅薪酬高而且压力不算太大。

最近一些收录佩拉约·迪亚斯的杂志。图片
由萨迦·西格（Saga Sig）摄影

一份报道佩拉约文章中的图片
2008年，出版发行于*Status Magazine*
图片由潘特里斯（Pantelis）摄影

这里有一个小游戏，给你五个词语，分别和时尚职业有关：助理、设计师、艺术总监、模特、形象设计师。能否告诉我们，如果让你分别扮演以上角色，你希望和谁合作，为什么？

助理：希望成为安娜·戴洛·罗素（Anna Dello Russo）的助理。我了解她，如果替她安排时尚旅行或是帮她整理衣橱将是非常有趣儿的一些事情。我会非常享受这样的时光！

设计师：巴兰夏加（Balenciaga），这是一个来自西班牙的品牌，而且来自于西班牙的北部，我也是。我将会非常关注西班牙式的手工设计与制作。

艺术总监：纪梵希（Givenchy），我非常欣赏里卡多·堤西（Ricardo Tisci）赋予纪梵希的男装风格定位，他有很多想法和我如出一辙。

模特：Dsquared（D的二次方，意大利品牌），我非常喜欢与该品牌合作的模特朋友们，并且希望能够成为他们中的一员。

形象设计师：希望能够与斯蒂文·克莱恩（Steven Klein）合作拍摄。

我们注意到你和一些设计师品牌，例如，Dsquared和David Delfin有着密切的关系，曾经就职于贾尔斯·迪肯（Giles Deacon）的设计工作室，对设计天才凯蒂·安瑞（Katie Eary）的服装也有很好的表现。除此之外，你也经常出现在一些国际秀场的舞台上，以及出席了无数的时尚派对和活动等。你是否感知到这种深层次与时尚广泛的接触对你在设计上的帮助，但同时如此多的信息与接触是否有负面的影响？另外，是什么样的灵感素材不断激发着你呢？

的确，事实上我和他们在一起的时候，讨论的更多的是时尚。所有的参与对我来说都是有帮助的：我非常感谢我所参加过的那些派对，我所去过的那些地方和我所碰到的那些朋友以及所积攒的那些经验，还有得到的一些帮助，他们借给我所需要的服装以及让我参与到一些秀场中，还有为此而准备的旅行等。我想这些对于一个具有独立精神的设计师或是从事创作设计的人员而言都是非常重要的。

如果为你最钟爱的凯特·摩丝设计一款服装，那它会是什么样的呢？如果是给你自己设计一款，又会是怎样的？

我希望给她设计一款长裙（这也是我最喜欢的），并搭配皮质夹克上衣。而对于我自己，也许是一些做旧毛边的牛仔服装搭配皮革夹克。

Katelovesme微博上张贴的图片
左图：佩拉约穿着凯蒂·安瑞（Katie Eary）的服装
右图：佩拉约穿着大卫·德尔芬（David Delfin）的服装。由姬可·布克思欧（Kiko Buxo）摄影
下图：佩拉约着皮革夹克装。由扎克·贝恩斯（Zach Burns）摄影

时装设计
创作历程
The Creative
Process
in Fashion

设计提要
Briefing

"设计创作的成效取决于系统而努力的工作结果。"
彼得·德鲁克（Peter Drucker）

    设计提要的制作对于一般公司不同部门的一些日常性工作而言是很常见的，特别是在广告行业中，如今也逐渐被应用于服装公司。一般而言，设计提要是准确描述公司产品所期望达到的一种参数，这个参数寓意着产品如何尽可能多地达到并满足一定的需求。由此，设计提要对于产品的设计与开发而言是一重要的工具，它对所做的事情进行计划与部署，并就市场的调节性有所应对，同时对于设计历程有极好的指南作用。在时尚行业里，设计提要一般在创意项目的初始阶段提出，以便很好地指导时装设计师以及其他行当的人员工作，例如，形象设计师和创意总监。

    设计提要需要对以下这些问题有所反馈：计划中的产品是什么样的？产品服务于谁？为什么？产品将被打造成什么样的结果？这里有一些实例，一个好的设计师如何能够针对不同的设计提要做出综合反响，并且在有增无减的情况下，和其他公司的设计师或是本公司其他部门的人员通力合作完成。卡尔·拉格菲尔德（Karl Lagerfeld）用他个人的形象标识给可口可乐健怡可乐（在欧洲地区被命名为Diet Coke的无糖可乐）进行设计就是一个很好的例子；格温·斯蒂芬妮（Gwen Stefani）以她的品牌L.A.M.B.名给W酒店的吧台女招待设计服务制服；索尼亚·里基尔（Sonia Rykiel）给H&M设计时尚系列。这些知名的设计师或人物都参考了所服务公司的设计参数，并将其与众不同的个性以及设计理念融入于新产品的开发中。

限量版瓶装健怡可乐
由卡尔·拉格菲尔德（Karl Lagerfeld）设计，2010年

设计提要有很多种不同的类型，一些创意设计的提要可能制订得很严格，例如，对设计师们需要完成的工作要领和细节都有说明；一些提要则制订得比较宽泛，给予设计师在创作时一定的灵活度。设计提要一般情况下包含了以下基本信息，一方面包括了设计公司在进行计划工作时所需要的一些内容（如产品、服务、市场和消费者）；另一方面还包含了既定的工作内容以及期待达到的目标。

举例：设计师与一家航空公司签订了某项合约，为其空乘人员设计制服。这项设计用于航空公司的10周年庆典，同时需要达到的目的还在于传递公司的品质与设计等多方面的形象。

产品：航空公司

市场：航班

消费者：乘客

是什么（原因）：对于航空公司所寓意的形象以及品质进行重新设计。

如何进行（语言）：通过一些显著的风格和强调功能性的设计等特征展开制服的设计工作。

针对谁（公众）：制服的设计能够给航空公司所提供的服务及其消费者乘客们提供一定的价值认可度。

在哪儿（手段）：在航班的班机上，在给予乘客服务时提供一个良好的形象。

什么时间（记时）：即将来临的一年。

上图：安娜·德尔加多和马卡乐娜·比尔在给Lladro系列设计做陈述
右图：一位模特儿以她后排的雕像中的某一设计做造型　下图：系列中一款非常精彩的连身裤

品牌EL.德尔加多·比尔（EL DELGADO BUIL）的设计提要

设计师安娜·菲格罗阿·德尔加多（Anna Figuera Delgado）和马卡乐娜·拉莫斯·比尔（Macarena Ramos Buil）于2004年在巴塞罗那创建了她们的品牌EL Delgado Buil。她们的设计非常多样化，并同时适合男性和女性的穿着。她们的作品经常在一些贸易博览会以及秀场中亮相，例如，巴黎的Rendez-Vous Femme展、里斯本巡回展、马德里时装周以及080巴塞罗那时装周，正如她们之前所获得的*L'Oreal*和*Marie Claire*杂志颁发的奖项，在这些时装周上她们获得了一些殊荣。

她们非常擅长和其他的一些品牌进行合作而发布较为特别的单品设计，当然由她们着手设计提要。PlayStation、Kipling以及Escorpion等都是与她们合作过的品牌。

2009年，在她们当年的春夏系列中打造了一系列与瓷器有关的设计，灵感来源于久负盛名的

上图：针对酒店不同部门而设计的两款制服
下图：EL.德尔加多·比尔（EL Delgado Buil）在给EME卡泰多尔拉大酒店做制服设计陈述的现场

溢财实业公司（Lladro Porcelain Company）。系列中所选用的花卉图案是该公司产品中典型的一些图形及色彩，除此之外，所采纳的细节和运用的裁剪都遵循了她们一贯的标志性设计。这是一个收获好评颇丰的系列，于2008年在溢财实业公司位于巴塞罗那的专卖店中展出。

同年，安娜·德尔加多和马卡乐娜·比尔被选中负责EME卡泰多拉尔大酒店（EME Catedral Hotel）的制服设计，这座奢华壮观的酒店位于西班牙塞维利亚的核心地区。直到今天，这个设计一直是展示其作品的重要场所，也通过 *Vogue*、*Glamour*、*L'Uomo*、*Marie Claire*以及*Elle*等杂志进行展示，这些杂志中不乏一些被知名行家专业挑选出现其作品的重要时尚舞台。

在公司制订设计提要的指南下，同时源于酒店倡导的都市摩登精神，品牌EL.德尔加多·比尔设计出既实用又前卫的酒店制服，并且针对酒店各个部门男女服务生的工作需要而完善了服装的设计。

2

灵感来源和设计调研
Inspiration and research

"对于创作而言，没有什么比激情四射的灵感来源更重要了。"安伯托·艾柯（Umberto Eco）

设计创作历程中，灵感来源和设计调研是最先需要考虑的两个方面。它们和其他的历程息息相关，同时也需要投入大量的时间和充分的研究才可以获得可用的素材。每一个时尚创作或系列设计都源于一个设计理念，无论是基于设计提要还是随性地挑选，一切由设计师进行把控。

灵感来源： 每个人在其所处环境中接受的教育以及其文化修养，对历史的感知与感悟，还有不同的个人阅历以及持续与媒体的接触等，都导致我们拥有不断要被过滤的大量信息，并受其影响而激励出无数素材。灵感来源是设计师在一些特定的时刻获取激发创作思维的素材。正如安伯托·艾柯所言，思考的结果并不需要那么的严丝合缝，灵感之所以那么重要，是因为有了它才使得设计师在彻底调研并不断完善原创构想的路途中找到捷径。

设计调研： 调研这项工作可以促使设计师将获得的灵感素材在设计理念的指导下转换成较好的设计成果，使得无论是产品还是系列的设计，都能按照正确的方向得以拓展。通常情况下，调研有两条线索：一条是针对材料；另一条是针对设计概念。

下页图中的内容将告诉你，作为一名设计师，在完善某个设计系列时，如何对设计所需的材料和概念进行调研和分析。你也可以看到是什么样的素材构想激发了设计者的思维，从而在设计中找到新的方向。

对材料的调研
   面料
   面料的组成部分
     来自于动物的天然纤维
     来自于植物的天然纤维
     合成纤维
   色彩
   印花和其他的一些后处理方式

对设计概念的调研
   受文化因素的影响
   受历史因素的影响
   流行趋势

对流行趋势的调研
   因特网
   时尚杂志和书籍
   流行趋势预测机构

上图：设计师汉娜·特·穆伦（Hanna ter Meulen）所参考的传统经典裁剪的灵感图片
下图：来自伦敦的韩籍设计师赵雅罗（Ara Jo）在新近的设计系列中采用吸血鬼作为其设计灵感的图片
左图：设计师堀内·太郎（Taro Horiuchi）在其最近的系列中，用以描述极简主义美的情绪板图片

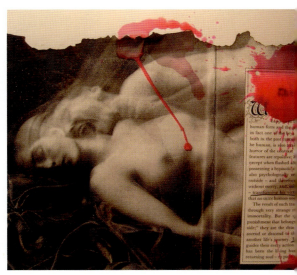

材料的设计调研

面料

面料的选择对于服装设计而言至关重要。由于服装的设计品质和穿着耐久度都取决于面料，因此针对这一特点需要慢慢推敲。有多种多样的天然纤维（动物的、植物的，甚至是矿物的）以及合成纤维面料——利用天然物料采用化学转换的方式将纤维素聚合物、蛋白质以及其他材料合成而致。面料一定要和设计概念所传递的思想相吻合，包括它的构成部分，以及或有或无的印染和其他后处理等。例如，如果设计师打算在一件衬衫的设计中采纳日本剪纸技术作为灵感来源，那么设计师们最好选用具有一定骨感的面料而获得期待的结构效果。然而，如果面料太硬，会降低穿着的舒适度。印花以及印染等技术对于面料的表现会有一些风险，但此种手段打造的系列服装设计有时也会非常庄严夺目。一些设计上较多领先的品牌和知名的设计师们拥有他们自己的面料设计和开发部门，尽管这些面料设计师就是时装设计师们，但他们非常善于运用印染设计，并且通过这些弥补了整个设计的不足，同时增加了服装的含金量。一年两次在巴黎举办的Premiere Vision展会是掌握面料流行趋势的重要展示会，在此你可以找到位于世界各地的面料供应商，他们也是每一季发布面料流行趋势的掌门人。不仅如此，由于口碑不断被巩固，其面料展示目前也在纽约、莫斯科、东京、圣保罗、上海以及北京等地上演。

面料的组成

首先由纤维细丝组成了纱线，之后形成了面料。面料通常情况下被分为两种类型：天然纤维类以及合成纤维类。前一种纤维来源于动物或植物，在一定程序和辅助手段的帮助下可形成服装用面料；后者不是天然的，而是产生于工业制造过程中。以下就一些通用的面料做简要描述：

来源于动物的天然纤维面料

丝绸：此织物非常精细、柔软、纯挚优雅并富有一定的光泽。有关它的使用可以推溯到公元前3000年的中国，虽是在不同文化背景下，丝绸都被认为是一种高附加值的面料。

羊毛：由此类纤维制成的面料不仅感观上很温馨，同时也具备相当好的保暖性。它略有一些弹性与皱褶。羊毛织物需要使用温水清洗并平铺晾干，也可以干洗。

羊驼毛：运用此纤维制造的面料，手感非常柔软并带有明显的光泽。其原料来自于羊驼的羊头，这种动物生长在南美的安第斯山脉一带。

安哥拉山羊毛：这是一种非常柔软且很精细的纤维。它来自于土耳其安哥拉地区的一种长毛兔，由于它的名称而会让人误以为这种绒毛来自于安哥拉山羊。为了避免这种混淆，由山羊毛原料织造的服装被命名为马海毛。

开司米羊毛：采用这种纤维制作的织物手感非常的柔软而轻盈，并带有一些丝光。它源自于亚洲克什米尔地区的一种山羊毛，并且是世界上美誉最高的纤维之一，用100%此类纤维织物制作的服装堪称奢侈品。

源于植物的天然纤维面料

棉：由于棉价廉物美并且非常舒适，同时，棉也很容易进行染色和印花处理。因而是被纺织品最广泛应用的一类纤维。当今纺织科技发展迅速，通过一定化学处理等手段，可以赋予棉不起皱不缩水的品质。

亚麻：由此织造的面料多用于夏季服装。由于亚麻非常透气并且不算太重，亚麻面料服装给人感觉很凉爽并且很舒适。还有一些面料具有同样坚韧的品质，例如，亚麻帆布。

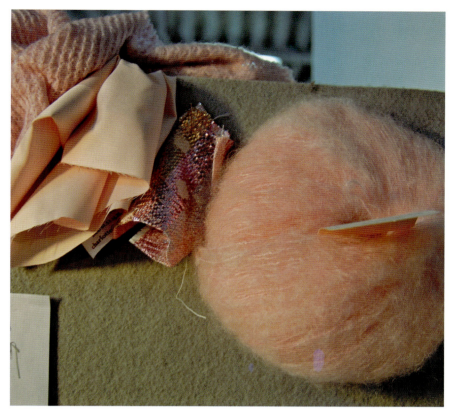

左图：面料选自于设计师
曼纽尔·博拉若（Manuel
Bolano）的系列设计。材料
为声誉不错的马海毛

下图：设计师奥马·阿西姆
（Omer Asim）在其新晋
的系列中选择丝和棉的设计

左图：设计师莫伊塞斯·涅托（Moises Nieto）于2010～2011秋冬系列设计中采用白色的氯丁合成橡胶打造的款式
右图：由设计师品牌扎卓&百瑞尔（Zazo&Brull）于2009年春夏系列发布的服装设计，其中棉料为天然纤维与合成纤维混纺的服装用料

合成纤维

氨纶（弹性）纤维：此种纤维非常有弹性和韧性。通常在使用时，它可以被加入到其他纤维中以增加柔韧度和舒适性。大家比较熟悉的如莱卡纤维，是世界上最大的聚合纤维研发机构英威达（Invista）打造的品牌纤维。

尼龙纤维：尼龙纤维的问世可以说给予时尚产业革命性的影响，例如，尼龙丝袜产品。它通常和一些天然纤维进行混纺而打造出价格优惠的服装类产品，光泽感或有或无。

人造丝：这是首个人造纤维素纤维。它于20世纪早期被誉为人造丝绸，直到1924年被命名为人造丝。在欧洲，人们称之为人造胶。在品质上，人造丝与棉很相近，但略逊于棉。

聚酯纤维：此纤维具有一定的韧性，手感较温和，传导性能略好于尼龙，根据后整理的不同而形成有光泽或无光泽的表面效果。聚酯纤维易干，但由于散热性不是很好，不太适合于潮热气候穿着。

聚乙烯纤维：它具有很高的弹性，此种耐热聚合物的表面效果略似塑料。

左图：意大利高端领先内衣生产制造商Ritratti，是第一个运用Lycra2.0tape打造全新系列设计的意大利品牌：极致优雅感的2.0系列

革新性的合成纤维：莱卡2.0系列LYCRA 2.0 TAPE

　　合成纤维一直持续地发展着。技术研究的进步带来了市场上不断更新的纤维，它们或是由一些纤维混合后而产生，或是采纳了一些新型的手段。世界上著名的聚合纤维生产商英威达（Invista）公司生产制造了大量的纤维产品，其中尼龙、氨纶以及聚酯纤维等产品，已经成为一些时装公司及品牌不可或缺的用料。

　　我们向英威达公司请教了其最新发布的莱卡2.0系列的一些些情况："它是聚酯胺纤维中具有良好的合身性以及恢复性的一种纤维。它在一种低活化温度下产生热能粘接度，如运用此种新型的材料于服装的边缘以及接缝处，可以取代以往笨重而狭窄的松紧带材料。服装的接缝处采用了此种黏合材质的纤维，可以加强服装造型的稳定性，即使是在日常的洗涤之后，其造型仍能保持不变。这种科技材料能够给服装带来平顺、舒适以及持久合身的穿着效果。"

色彩

当你给一系列设计斟酌颜色之时，一定要考虑色彩给予人们心理上的感受，包括其延伸出的设计理念以及流行趋势带来的信息等。色彩可以说是表达时装设计思想的极好媒介。例如，选择红色来传递热情奔放的设计态度；一尘不染的白色强调清新且脱俗；黑色给穿着者郁郁雅致的风范。细细研究设计理念所带来的感思，之后再来确定哪些颜色是理想之选。假如，这次的设计理念源于哥特朋克，那么色块中的黑色将是主色调。如果这次的设计源于地中海风情，那么海边小镇上粉饰了的白色房屋，日落时温暖的霞光之色，以及深深浅浅的海蓝色等构成了整个系列设计的主色调。由于颜色的重要性，而使得它成为一些时尚品牌的标志，甚至被赋予了一定的寓意。下面我们来看一下具有传奇之色的瓦伦蒂诺（Valentino）红[1]，这个红来自于数十年经久不衰的意大利著名设计师品牌华伦天奴，这是一种综合了胭脂洋红和紫色以后而别具一格的红色。每一季时尚产业都会发布一些引人注目的新色彩而使其成为明星色彩。事实上，流行趋势发布的色卡中有很多颜色并不是全新的，它们或许是在其它的季节中出现过而被重新命名了的颜色。以克莱因蓝[2]为例，它曾经在2008～2009年之际流行一时，后来被演绎成一种深蓝色和机械蓝，但是它一直使用这个名字，原因是以此表达对法国艺术家伊夫·克莱因（Yves Klein）发现该色的敬意。还有裸色[3]，可以说在2010～2011的时尚季节中无处不在。非常有趣的是当你搜索有关"裸色"之时，会出现无数对此色评价为很新很时髦的结果——当然也是最重要的色彩！这个颜色也被设计师认为是比较安全的一个色彩，但是谁也很难说得清为什么会是这样的一个选择，特别是当他们在自己营造的设计理念里出现不同观点之时。

[1] Bela, Cristina: "Valentino, el rey de la moda," *Adessonoi* [online], November 13, 2009, <http://www.adessonoi.com/node/622> (accessed October 18, 2010.)

[2] Zozaya, Pedro: "Rabioso azul Klein," *Vogue España* [online], November 27, 2009, <http://www.vogue.es/articulos/rabioso-azul-klein/2957> (accessed October 18, 2010.)

[3] Caballero, Beatriz: "El nude es el nuevo negro," *Telva.com* [online], June 2, 2010, <http://www.telva.com/2010/06/02/gente/1275479412.html> (accessed October 18, 2010.)

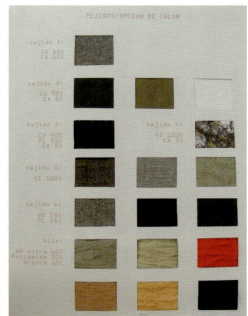

左图：2010~2011秋冬裸色系列设计，设计师为卡洛斯·多夫拉斯（Carlos Doblas）

上图：设计师妮瑞·卢格恩（Nerea Lurgain）于2010~2011秋冬系列中对色彩组合的研究

下图：深蓝色卡

印染以及其他后处理

正如本章之前曾经提及的有关针对面料的选择，赋予精选的印花以及附加一些后处理如刺绣或是钉珠等设计上的投入，也许会让你的时装设计从整体上看是非常令人难忘的。设计的结果一定要吻合最初的理念。在布料上进行作画可以采用手工或是机械印染的方法。大多设计师对传统手工艺情有独钟，他们或许会在不经意中用到这种工艺，如采用手工绘制的方式打造一款独一无二的设计。运用不同的工艺技术对纺织品的印染处理是非常多见的一种设计手法。我们针对印染中着色的方法和印制时的布局从而将之分为两大类进行讲述[1]。

与技术有关

技术上，纺织品的印染工艺有直接染色印染和防染染色印染等，当然也会或多或少的使用一些其他的技术。为了形成较好的解决方案，设计时需要对面料的类型、制图印花的复杂性、颜色的使用数量等铭记在心。直接印染是使用模版在布料上形成图案，并且有多种采用直接印染的方式：辊筒印染、热转移印花、丝网印技术等。有些工艺可以采取人工的方式完成，而大多数工艺在纺织工业的带动下逐步发展并广泛使用。防染印染中有一些是具有悠久历史的人工染色，例如，蜡染最早起源于印度，它通过将设计图案中的某些部分用蜡封住，用不同的层次着染料，最后将蜡去除后，便形成一幅精彩纷呈的蜡染作品。

[1] De Perinat, María: "Los acabados de las telas," *Tecnología de la confección textil* [CD-ROM]. Spain: EDYM, 2007

与印染布局有关

　　循环印染使得某图像被复制而产生面料上的图案印花效果，面料行中出售的不同花型布料即是出于此种方式，当然也有一些时尚品牌是和他们自己的印染设计师合作开发而产生新的花型面料。除此之外，还有一些定位印染的布局设计是直接在服装上完成的。来自设计师米尔顿·格拉泽（Milton Glaser）非常著名的T恤衫I Love New York的设计就是一个大家喜闻乐见的例子。

　　在纺织品后处理方面有很多工艺可以获得织物面料与众不同的外观和肌理。比较常见的是精整酸洗工艺，由于有了酸性的处理而导致织物上呈现怀旧且具有羊皮绒质感的外观。涂层处理工艺，类似使用上浆等手法而在织物的特性中增加了硬朗的效果。还有一些工艺的作用是改变织物的外在美以及加强布料的手感，例如，印花棉布的工艺是在上蜡后，经过聚压研光的方式，最后在布料表面产生具有丝绸一样的光泽。

设计概念研究

文化影响

  很多与文化有关的内容诸如音乐、电影、文学、绘画以及传统服饰，或是某一时期的文化艺术思潮（如现代主义和波普艺术）等，都可以成为设计素材的重要来源。为了更好地演绎这些内容，需要进行充分的调研来获取必要的信息，并根据每个人的理解和造型的要求进行一定程度地解析。很多时尚品牌以及设计师们即是基于以上创作过程而从文化艺术中汲取灵感并在设计中进行诠释。例如，品牌匡威（Converse）其最新的设计灵感来源于科特·柯本（Kurt Cobain）的摇滚乐以及雷蒙斯（Ramones）的朋克音乐风范。还有一些设计的灵感来源于少数民族部落风，如维维安·韦斯特伍德（Vivienne Westwood）2009年春夏系列设计概念源于吉普赛式的穿着方式。最令人难忘的是伊夫·圣·洛朗（Yves Saint Laurent）1965年秋冬系列中的蒙德里安（Mondrian）款连身裙设计，其灵感来源于荷兰艺术家蒙德里安·皮特新的造型艺术作品。

  社会学家们理解的时尚：当经济在一段时间里快速发展时，导致了一种倾向于科技化、功能化以及未来主义的设计时尚；经济萧条之时，时尚更多探索的是一种追根溯源、至真至纯的表达，人们寻求的是一种最原始的宽慰感状态。

灵感来自于具有武士道精神的
Zazo&Bushido品牌2010春夏系
列由古斯塔沃·洛佩兹·玛纳斯
（Gustavo Lopez Manas）摄影

灵感来自于印度、中欧以及加利西
亚地区文化的多元混合设计。设
计师伊莎贝尔·马斯提西（Isabel
Mastache）2010～2011秋冬系
列，标题为"保加利亚的呼声"

历史文化的影响

在一些艺术家的眼里，对历史文化的汲取是在设计中如何面对当下以及展望未来的最好方式。从以往的个人经历以及经验当中所收获的，可以用于解决现在我们所面对的问题，时装设计师们也很有必要通过对历史的研究来提升设计的眼光，同时也可以在创作的过程中加强设计的多样性。服装历史与人类的发展史紧密相连。早期原始人类使用动物的皮毛等来保护身体，而这时的服装只是满足一种生理上的需要，谈不上"时尚"。人类在文明社会里不断进步，例如，日本式的穿着风尚多少世纪以来都保持着鲜明的特点；而了解欧洲的时尚，可以参考三个历史时期：在14世纪时，男装与女装之间的差异化日渐明显；19世纪的巴黎诞生了高级时装；20世纪的后半叶以来，当前的时尚体系逐渐形成。通过服装的发展史来了解人类的历史，可以认识很多精彩的设计师，对他们深入的理解会带给你令人难以置信的收获。

过去的故事
(freddygaviria.blogspot.com)

2008年的秋季，设计师费雷迪·加维利亚（Freddy Gaviria）前往日本，并参观了位于京都的服装博物馆，这是一间展品丰富且精彩纷呈的展览馆。在此期间的经历以及所感受到的气氛一直停留在他的记忆里。此后，其设计理念经常会联想起博物馆中的艺术品以及来自东京祇园艺场形形色色的内容，如日本艺伎等。作为了解时尚历史的行家，费雷迪·加维利亚在他的时装设计中采纳了服装大师保尔·波耶特（Paul Poiret）曾经打造的具有东方韵味的服装廓型，1910年之际，波耶特这种较为革命性的设计将女性们从传统的紧身胸衣中解放出来，他不仅是当时的第一人有如此壮举，同时此设计影响深远且非常伟大。基于对波耶特造型和东方奢华风范的重新演绎，再加上加维利亚在意大利所经受的训练和熏陶导致对颜色的不同理解，以及具有丰富的拉丁文化背景，使他将东方造型与欧洲巴洛克风尚融为一体，设计了这款结构上采用干净利落的线条打造具有雕刻感廓型的服装。

费雷迪·加维利亚（Freddy Gaviria） 2009秋冬系列设计。模特：邱晓（Xiao Qiu）；摄影师：费尔南多·马雷罗（Fernando Marrero）

流行趋势

　　每一位设计师都需要不断跟进当下时尚潮流趋势，特别是那些临近季节的流行趋势。首先，设计师们应该具有敏锐的观察力，同时对周围所发生的变化具有良好的感知力。对时尚有影响的内容非常多，从文化艺术到某一地区的经济行情，以及新兴都市群的时尚态度等。事实上，这些"潮流的制定者"来自于一些专业机构，他们和心理学者、历史学家以及一些设计师们一起工作，分析与判断并得出结论——时尚消费社会中的点点滴滴是如何受经济、政治以及社会等因素影响的。几个世纪以来，时尚"潮流"的制造者大多来自于社会的上流阶层。路易十三曾经使用假发以掩饰其不堪的秃顶，而随后欧洲很多贵族绅士们开始削发并佩戴假发。19世纪的女性杂志首先开始发布流行趋势，20世纪的银幕偶像和一些音乐艺术家们也参与到了潮流趋势的制定中。如今的时尚不断地变化，其持续的时间非常短以至于设计师们必须跟进每一个即将来临的季节所可能出现的不同的流行趋势，并从中捕捉那些起主导作用的审美创作来源。法国著名时尚设计品牌纪梵希以设计师本人的名字命名，其指出在当前全球化时尚之际，借用英特网等媒介，使得每一位使用者能够在鼠标的点击触动中感知即将流行的时尚信息，这也加速了时尚转瞬即逝的本质特征。今天正在流行的会在明天被淘汰出局，这也意味着从事潮流趋势研究的专家们需要不断地进行更新。之后也将提及和分析设计师们采集并调研流行趋势的有关内容，渠道往往是通过杂志、有关书籍、英特网以及流行趋势预测机构等。

哥本哈根国际时装图

TINY PLEASURES小甜蜜
EMO HUMANS性情中人

敏感　浪漫　诗意　永恒　崇高

内敛而沉稳，为逃避万千世界中的喧繁不安而寻觅一种略带隐蔽感的服装结构，在亚细亚的精致与日尔曼的潇洒情怀中进行碰撞，打造适合日常着装所需的精良设计。

寻找流行趋势

正如我们在前面的内容曾经提及的，灵感的来源可以说无处不在，它们可能是在任何时间出现在任何地点，然而你需要做到的是，能够将之转化成良好的设计理念，并在进行历史文化以及流行趋势等参考与借鉴之后，得以拓展。但是我们在哪里可以找到这样的素材？以下我们将给大家讲述一些经常用的素材来源：互联网、书籍、杂志以及流行报告。

互联网

互联网已经成为时尚设计的有利助手。如今很多时尚品牌以及设计师们利用这样的渠道进行广告、开展公共关系合作、销售等。现在，我们可以通过网络购买世界知名设计师品牌的时装设计，甚至有时在网上可以买到一些年轻设计师们独一无二的设计创作。越来越多的时装公司或品牌开始通过互联网销售时装产品。如今，通过全球著名的品牌时尚及产品设计网络概念店Yoox可以很方便地购买到诸如设计师品牌马克·雅各布斯（Marc Jacobs）的打折产品。另外，一些网站如Chictopia和Lookbook等也取代了直接从街头寻觅酷范儿时尚的地位，因为在这里你可以找到成百上千的网友们上传的形形色色反映其时尚态度的图片影像。同时令人惊叹的是，那些在纽约、米兰、伦敦和巴黎新发布的时装秀能够在数小时内登录互联网或是通过在线频道Fashion TV进行播放，有些甚至是现场直播。从一些社交网站或是博客中等能或多或少的找到最新的流行时尚，并进行快速传播。设计师、公共关系公司以及一些时尚行业里的公司等非常乐意使用这个媒体，因为通过它的推广不仅快而且很划算。以上这些因素再加上其他的一些理由足以表明，在互联网上只需要一点击，即会发现数以百计的资源。

杂志和书籍

图书馆和报刊杂志摊等是设计师们获取信息的重要来源——这里不仅有图片，还有文字等关于时尚与潮流趋势的报道。有很多关于时尚方面的书籍，与互联网上获取信息不尽相同的是，书籍中将一些有用资料进行清晰明了的编辑并记录在册。在图书馆和书店中寻找你想要的书籍时可以通过不同的科目分类进行选择，如时装画、色彩、新科技工艺以及还有很多可以激发时尚设计创意的书籍。自17世纪以来，时尚杂志便有所耳闻，直到19世纪才形成具有完善编辑且图文并茂的出版物，当然也传载了很多在不同场合如何穿着的内容。多年来，时尚杂志成为传播流行趋势的重要渠道，其中比较经典的有"时尚圣经"以及"*Vogue*时尚"，后者首次发行于1892年。如今这本杂志已经有十多个国家不同版本的发行本，并且成为最具影响力的时尚期刊杂志之一。一些杂志中也承载了很多有趣的关于时尚的内容，例如，知名度较高的*Elle*、*Marie Claire*、*Cosmopolitan*以及*L'Officiel*，还有一些是在时尚趋势的发布方面有影响力，如英国版本的*Dazed&Confused*以及*Aonther Magazine*。当下越来越多的时尚出版物开始关注男性，位于世界各地的期刊杂志亭于2008年开始售卖*Vogue*男士以及*GQ*、*Another Man*，还有*L'Officiel Homens*，这个名列数量还在不断增加。

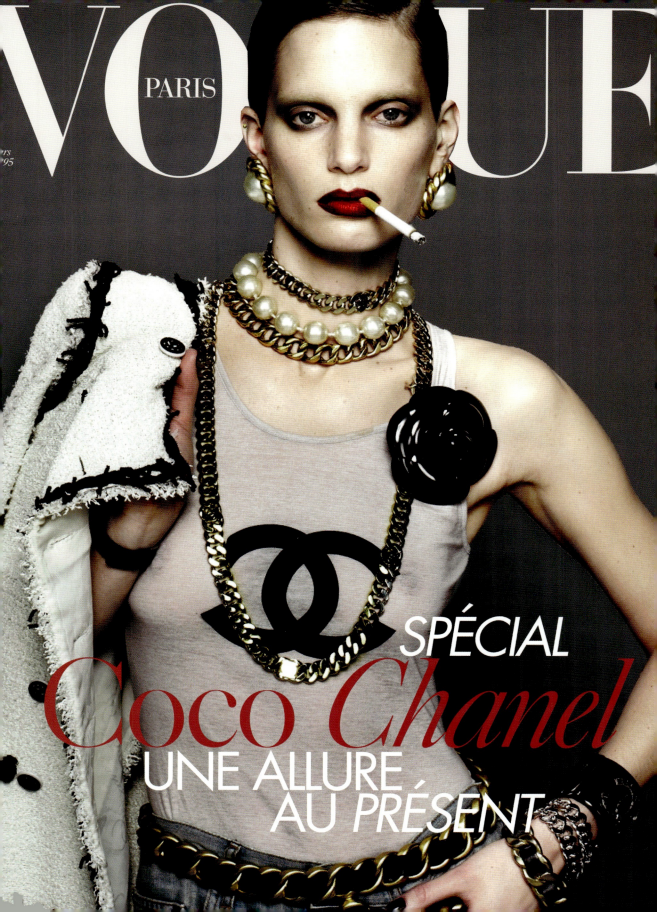

VOGUE

PARIS

SPÉCIAL

Coco Chanel

UNE ALLURE
AU *PRÉSENT*

杂志Neo2. 2009年5月封面，摄影：帕克·佩尔格林

与拉蒙·法诺（Ramon Fano）的时尚对话

Neo2时尚杂志总编

*Neo2*这本月刊杂志无疑是在时尚文化艺术届里时常才华横溢的酷潮杂志，您能否告诉我们作为成功的设计师应该具备什么样的基本素质？

我相信优秀的设计师应该具备独到的个人创作风范以及历经磨练的完美工艺，同时对于时尚潮流的把握也需要具备一定的洞察力和相应的工作能力，对社会的发展动向有一定的意识，并且能够在适合的时空里呈现恰如其分的设计。

祝贺*Neo2*杂志已经创刊15周年啦！在此期间我们看到有很多年轻的设计师有幸能够被*Neo2*推荐并在时尚界找到自己的位置，其间有否些些轶闻趣事吗？

这15年间我们也不断在学习，我们将那些有趣以及意义非凡的设计当作我们工作的重点并大力推广，我们和这些设计以及设计师们紧密地联系在一起，因为在通力合作之时也增加了我们自己的构想。我们的作用是使那些有创意才华的人们能够找到他们的位置。至于趣事和轶闻，那就是我们不太在意他们来自何方以及是否有成就。

在*Neo2*杂志里有一些针对男装的特别报道，您是否认为将一些最新的有关男装的时尚展示在读者的面前是贵杂志获得成功的秘密之一？

我们确实对男性时尚有了比较多的关注，原因是男装风尚正有着越来越多趣味的和新鲜的事情在不断发生。也许时尚产业需要挖掘并开发出新的时装市场，比如男装，还有一个原因或许是全球女装时尚被过多的研究与预测，而男装的进展要薄弱得多。

您在主流社交网站上都有自己的博客和主页，这也是跟进潮流的一种不错的交流方式，近几年在适应这种新的模式交流中是否有不同的感想？

是的，这也是我们已经在做的一些事儿。我们有网络版本的杂志和博客，在内容上与印刷版的杂志略有不同，可以说也是一种补充，并且每天进行更新。我们针对不同城市的需要而有相应的指南。当然，我们也通过这样的交流在社交网站诸如*Facebook*、*Twitter*以及*Spotify*上获得了不同的反馈。我们起步的时代正好赶上数字媒体技术蓬勃发展的这样一个时期，我们很乐意于体验和享受这个时代。

NEO2

'VE GENEORATION

09 3€(Spain)

Austria: 5
Canada: 10,25
Englan
España
France
Germany: 7
Italy: 4
Mexico
Morocco: 6
Sweden: 6
Switzerland:
Tahiti: 8
US

流行预测机构

在20世纪的后50年中，我们所了解的时尚基本体系已有构建，时尚产业如同停不下来的机器，以无法跟得上的速率不断制造出越来越多的产品。如此快速的步伐意味着纺织行业专业化程度日益加强，特别是在一种充裕着竞争与对抗的大环境下。时尚产业中非常专业的流行趋势预测机构也随之出现，一些机构与时装公司的设计开发合作甚至已达数十年。这样的机构有来自不同领域的专家：社会学家、心理学家、历史学家、设计师以及酷潮达人等，他们借用了社会的、历史的经验和尺度来给每一年不同临近季节的时尚流行趋势做预测。

给客户们提供一份定制的趋势报告其费用大概是20000欧元（$27000）。然而，很多时装公司都会为此而做一定的投入，因为他们知道这样的投资对于他们开发新系列的成功性而言是有保障的，同时能够尽量减少一些不确定因素的影响以及降低利润率的误差。

不同规模和大小的时装公司如H&M以及西班牙的Inditex，或是法国高级时装奢侈品品牌纪梵希等，在其开发新的时装系列时都会非常注重流行趋势机构提供的资讯建议。不仅是一些服装公司有如此作为，一些纺织品制造生产商同样如是。如果具有巴洛克风格的印花即将流行，金属色或翡翠绿等色彩也许是重头戏，而对于面料生产商而言这样的信息参数等应该提前两年获得才可。

国际上比较知名且有影响力的流行资讯预测机构有Promostyl、Nelly Rodi、Peclers Paris、Carlin International以及WGSN。❶

---

❶ Tungate, Mark: "That's the power of the cloth," *The Times Online* [online], July 21, 2005, <http://women.timesonline.co.uk/tol/life_and_style/women/fashion/article546009.ece> [accessed October 18, 2010].

流行趋势预测专家简介：
娜丽·罗狄（NELLY RODI WWW.
NELLYRODI.COM）

　　自1985年以来，位于巴黎由娜丽·罗狄女士创立以其名字命名的流行趋势预测机构，已经在时尚的多个领域里完成了非常具有影响力的专业活动。该机构拥有一些权威且活动于世界各地的专家，他们不断收集世界各地的一些新鲜事物，并将与时尚有关的变化、图形图像以及纺织行业里的报告甚至是时尚领域周边的一些内容等做一定的解析。他们能够贯通古今，有时能回顾到19世纪的时尚。娜丽·罗狄在法国以及全球时尚行业里有较高的知名度，在她服务于客户们的一些成就中，可圈可点的是开拓了一种独到的设计方法Marketing Style，它将市场信息、创意动向以及目标客户群新的消费行为融合在一起进行分析与判断而得出有一定价值的流行资讯。

3 创意设计
Creation

"成功往往源自于我们所未知的那个领域。"
可可 · 夏奈尔（Coco Chanel）

当我们将服装系列设计所需的概念做了一定的调研、编辑和整理等工作之后，接下来即是着手设计了——将有关信息转换成具体的服装设计，确认其造型并做很好的解析和再现。在此，本章希望体现的一个重要的观点是，成功的设计并不是来自于你所学到的东西，而是取决于真实的你是什么样的。显然对于时尚设计而言，具有良好的天分无可厚非，而对于你所调研和获得的内容做充分的解析是通向成功的必经之路。在这个过程中，设计师可能是独立个人或是作为团队的一员来完成设计工作，当然这多多少少取决于设计项目的大小以及其工作所在公司团队的规模。在法国，对于高级时装Haute Couture而言，巴黎时装工会给予其一定的要求和保护，设计作品依据某一客户的需要单量单做，通常在手工制作的时间上投入较多，选择精良的优质面料以及精雕细琢的细节设计。对于成衣Pret-a-porter而言，英文是Ready-to-wear，其设计目标不是某一个人，产品设计比较重视材质与工艺，同时还有时装品牌所给予的独到风范。最后是大众成衣，这一类的时装通常取材于较为便宜的面料，按照标准号型尺寸大规模生产，其产品面对的是一般消费市场。然而这也是一类赋予创意设计的服装，其合理的价格定位能带来较好的市场反响，其成功的部分原因是设计上模仿了主流成衣品牌的设计风格。在接下来探讨的内容中，我们将会关注设计过程里的一些内容如设计手稿绘制、版型研究、服装制作以及试穿等。

法国高级时装设计

在法国高级时装是受法律保护的，并由巴黎工商协会给予其一定规范的定义。那些由工业协会在其每年颁布的法令中能够被列入名单的时装屋才能使用高级时装Haute Couture的头衔出现在公众面前。如皮埃尔·巴尔曼（Pierre Balmain）、夏奈尔（Chanel）、克里斯汀·拉科鲁瓦（Christian Lacroix）、伊夫·圣·洛朗（Yves Saint Laurent），以及让·保罗·高缇耶（Jean Paul Gaultier）等高级时装品牌多少年来一直出现在名列中。以下有关Haute Couture的细则于1945年建立，并修订于1992年：

- 每一款设计都是针对私人客户做专门的量体裁剪定制
- 针对每一创意系列设计，设计师们在某一区域只出售一款设计
- 时装屋在位于巴黎的工作室至少雇佣20名以上的技术人员
- 在巴黎的媒体进行报道之前，每一季的系列设计不少于35套

时尚创意设计的新理念——PRET-A-COUTURE高级成衣时装
介于高级时装与高级成衣之间的设计理念

"时尚其本质即是一场梦，而我们所处的时代使我们的梦想没有那么纯粹，它们似乎更加真实且具体。"——国际知名时装设计师约翰·加利亚诺（John Galliano）❶

时尚是在一特定的时间内受社会文化的影响而产生的。❷ 如今，设计师们越来越认识到消费者的时尚态度对其设计及工作方式的影响之重大，特别是那些钟情于知名时尚品牌的女性消费者。高级时装，正如我们之前提及的，需要一如既往地按工会制定的要求上榜。这种严格的要求导致了1950年代几十家高级时装的数量极少，到现在的数量更是屈指可数。现代女性不像以前可以拥有很多的时间用来数次试穿，并等上好几个星期才拿到服装。近些年，时尚专业人士们开始运用"Pret-a-Couture"即高级成衣时装这个术语来形容当今的时尚选择，它是法语"高级成衣pret-a-porter"和"高级时装Haute Couture"的综合体。这也是一种介于两者之间的解决方案。设计师给客户们提供设计的半成品并在和客户交流的过程中做少量的修改，但同时保留了设计中的独到特征。这比一般的高级成衣要复杂得多，但它的品质能够与高级时装相媲美，并且是限量版的。其中之一的案例是来自于意大利品牌华伦天奴（Valentino）与西班牙Pronovias公司的联袂合作，于2010年在婚纱礼服中创造了奇迹。在华伦天奴的高级成衣追溯高级时装设计的系列里，其整体设计再现了该品牌精工细作的优良品质。

---

❶ Montes-Fernández, Jesús María: "Un nuevo sistema, el pret-a-couture," *elmundo. es* [online], October 16, 2005, <http://www.elmundo.es/suplementos/magazine/2005/316/1129315910.html> (accessed October 18, 2010).

❷ Schroeder, Dominique: "Pret-a-couture, la opción de moda para los impacientes", *Perfil.com* [online], January 22, 2008, <http://www.perfil.com/contenidos/2008/01/22/noticia_0017.html> (accessed October 18, 2010).

时装设计手稿及效果图

19世纪的时装屋曾一度流行聘请专业的艺术家给其时装设计作画，然后以此向客户们展示。比起在店里将样衣做好后进行展示，成本的投入要合算的多。当客户们挑选了喜欢的款式，然后再下单为她们定制。传统的时装绘画始于经济上的考虑，而形式与我们现在所看到的很接近。

对于很好地理解一件服装设计以及其是如何构成的，设计稿以及时装画是很有力的视觉辅助工具。这些图画有可能是运用不同的绘图工具手绘而成，如铅笔、水彩笔、水粉绘制工具或其他工具，或是运用电脑软件进行绘制。但是否设计师们都能通晓如何作画？设计手稿一般多注重时尚造型感，在较为抽象的图画中反映出美的真谛，同时也应该赏心悦目。当然，绘画实践中需要着重考虑的不仅仅是其美观性，还有如何言简意赅地体现时尚的艺术美。

也有一些设计师不太擅长绘画，然而通过简单的勾勒，他们也能较好地表现出设计的要点所在。在计算机辅助软件CAD的帮助下，可以使画面更为专业。也有一些是将手稿上传到电脑中，再配合软件完成服装着色和面料质感的表现，不仅快，而且效果非常好。绘制中针对时尚造型设计或工艺技术表现的软件有很多，而时装画中非常经典的软件是CorelDRAW。

维多利亚&卢奇诺（Vittorio & Lucchino）
2010春夏系列设计手稿

上图：设计师刘恒（Chris.Liu）作品。左侧为设计师斯佳克·贺立克斯（Sjaak Hullekes）的男装设计手稿

下图：左侧，设计师迭戈·比奈蒂（Diego Binetti）在其纽约的设计工作绘制时装画

下图：右侧，由瑞琪尔·弗莱雷（Rachel Freire）运用计算机绘制的设计图

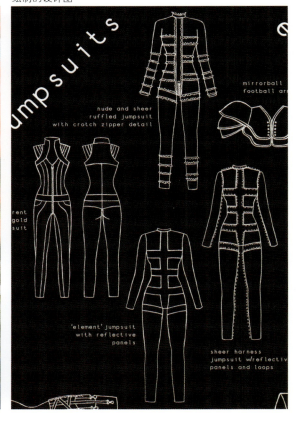

与计算服装设计绘制高手的访谈
安娜·玛丽安·洛佩兹（Anna Maria Lopez Lopez）
（WWW.ANNA-OM-LINE.COM）

安娜是一位在运用计算机辅助设计特别是CAD/CAM方面非常著名的专业设计师，她的客户来自于全球，并著有数本专刊书籍。她承认非常喜欢运用CorelDRAW进行服装设计。

你好，安娜，请问您为什么会推荐这个软件呢？

就我个人而言，CorelDRAW在计算机辅助设计中值得推荐是有几项重要的原因。首先，它是目前市场上最为直观的一种矢量式绘图工具，除此之外，它还具备一些对于设计师而言不可或缺的重要功能：

交互式填充工具：这个功能可以使设计师在电脑屏幕上非常直观地预览如同穿在真人身上的印花图案效果。交互式的控制可以在第一时间向你展示修改花型的位置和调整其角度时的变化，这些使得设计师在完成创意展示任务时感觉轻松很多。

自动向量化的颜色还原：当在设计中碰到定位图像或重复图案时，尽量减少移动中重复的颜色，或是针对协调一致性的考虑以及减少制作中不必要的消耗，自动向量化的颜色还原都是一个很好的选择。当结合CorelDRAW和PowerTRACE一起使用时，所绘制的向量式图像将非常逼真。出于一些可能性的需要，PowerTRACE也将是时装设计师们得力的助手。

此页的截屏图片展示了安娜·玛丽安·洛佩兹运用本节中
其提及并解答的一些不同绘图工具进行绘制的效果
上图: 自动向量化颜色还原;**下图:** 交互式填充工具

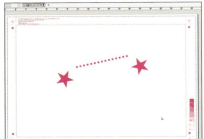

图像显示CorelDRAW的设计效果：如何将
色彩进行分离

　　在矢量转换的过程当中，位图里的颜色数量会减少，你可以专门设计一个调色板，例如，使用美国潘东公司的Panton Fashion+Home。当通过PowerTRACE进行矢量转化后，除了可以获得一个不错的向量图形外，还可以在较少的颜色基础上获取品质优良的印染图案设计。

　　直接预览色彩分离效果： 在时尚行业里丝网印是最为常见的一种印染技法，在使用这种方法染色时，时刻检查颜色是否能够被准确地分离出来显得尤为重要，这时如果你使用CorelDRAW来完成会轻松一些。你可以通过预览窗口来浏览你所打造的颜色，同时也提供了一些完成准确印制的必要指令。

　　专业语言宏指令VAB运行的可能性： CorelDRAW可以在一般的设计过程中运用特殊的计算机语言及指令。在服装设计师的日常工作中，有些工作是不断重复的，而一些公司针对非常特殊的设计使用VAB技术。My Online（www.my-online.es）即是一个案例，他们提供了一种名为My Confeccion的专业工具，这种基于CorelDRAW的辅助工具可以将服装设计中的来回针脚线迹给予表现，此外还有绷缝线迹、锯齿Z形线迹、拉链设计以及一些其他等设计，在鼠标点击中即可完成。

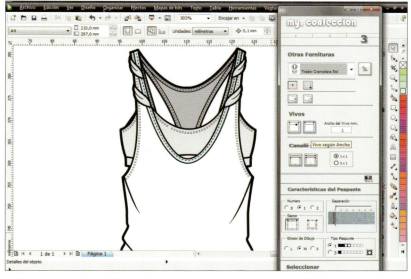

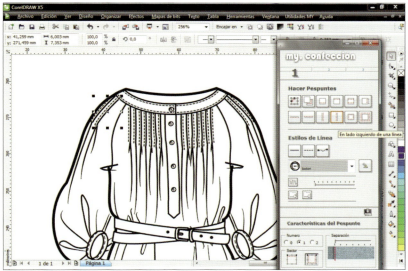

由My专业工具打造的设计

你还可以轻松地用鼠标完成纽扣定位、口袋的设计、饰边、滚边等一些表现效果。My Online的这些辅助工具给使用CorelDRAW的设计师节省了尽可能多的时间，特别是在绘制服装的平面展开效果图描绘其工艺细节时，非常有效。重要的是，设计软件能够跟上设计师们的步伐，同时能让设计工作更为快捷。CorelDRAW可以说在这个领域已经有20多年的历史了，已成为很多设计师们喜爱的工具。简而言之，好的设计软件一定是你在进行创作时能够满足你创作需要的那款。

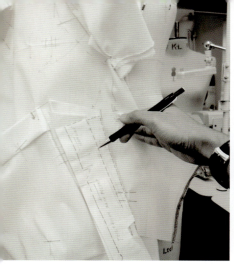

左图：设计师莱斯利·蒙宝欧（Lesley Mobo）正在检测服装上的某一样板
中图：设计师基利恩·克纳（Kilian Kerner）利用人台进行立体裁剪
右图：设计师保莱·阿克苏（Bora Asku）团队正在为裁片的样板做准备

板型的设计与制作

　　板型的设计与制作用以解释具有雕塑般造型的时装结构，它可以说是一份有关如何拓展并完成服装设计的计划。设计师或是制板师，需要根据服装的具体情况，通过技术以及合理的运作安排来完成板型的设计与制作。例如，不同服装类型的一款高级时装礼服和一款高级成衣的连衣裙，从设计效果图到完成实物制作的过程里所采用的工艺与技术是截然不同的。尽管有很多板型设计与制作的方法，例如，不采用任何工业化技术的板型设计与裁剪，而最常见的方法是根据人体规格进行测量，在较符合的基本板型纸样上做修改从而获得合适的板型。同样，我们即可以选择平面的纸样板型设计，也可以利用人台模架通过悬垂披挂立体的方式直接在人体上获得板型的结构。在大工业生产中，板型上需要对剪切线的位置有所标注，当然还有一些其他的细节，例如，留出作缝等满足批量生产的需要而做的标注。板型的设计与制作需要考虑目标市场的受众们的需求而制定工业化尺寸规格图。设计中除了对艺术审美的表达外，板型上还需掌握数字化比例尺寸缩放等工艺。正如前面时装插画中提及的软件，针对板型设计与制作的软件也有很多，从而使服装制作的整个过程更加的快捷与精准，不仅提升了产品的生产率，同时也能跟得上时尚多变的步伐。

服装制作

　　服装制作的过程是从布料裁片的工作开始，直到所有的细节在成形的过程中一一被解决而告一段落，当然这个过程在采用手工制作或工业化生产的方式时是有所不同的，而且还有一些关键点需要被考虑。

　　裁剪：在进行裁切之前，请辨认好布料的正反面以及纱向。采纳什么方向与角度进行裁剪取决于服装的设计。如果是使用丝绒一类的面料，请注意其绒毛的倒向以及观赏的角度，不同的裁剪定位可能带来完全不一样的设计效果。同时还需考虑的是，裁剪所用的布料是单面的还是双面的，是否需要对称裁剪等内容。在样板中请标记好面料所选的直纹、横纹或斜向纹理。最后，裁剪中面料使用的合理性与裁片所摆放的位置有关，工业化生产中运用相关计算机软件来处理此工作，其效率极高。

　　服装制作：不同类型的服装制作如传统手工加工和工业化加工，其手法及后处理等大相径庭。在一些服装公司里，裁剪和缝纫是由专门的团队完成，而在很多的成衣或是大众成衣设计公司里，这项任务往往被外包。近些年，一定规模的服装公司会选择面料和劳动力成本较低的国家及地区做外包加工，这需要严格的监督与把控，以尽可能降低不必要的消耗。

服装工业制板与放码的专业工具

Iñaki Blanco (www.inakiblanco.es)

  这位专门从事板型制作的职业爱好者在专业上已经有20多年的经验了。他曾经独立给不同的服装公司做服装制板与放码工作。他还从事样品的监督与管理、生产以及质量监控等相应工作。我们在此向他请教服装制板与放码的软件工具。

  PGS Model：这个软件在服装制板与放码方面很专业，配以最新版本的软件工具有助于你完成制作服装新样板或是修正旧样板，还可以帮助客户将绘制的服装板型进行数字化处理，并通过计算机进行修改和放码。

  Kaledo：这个用于设计的绘图软件有很多应用型的工具，诸如面料印染图案处理、服装工艺绘制说明以及色彩表现等。作为3D效果的试穿也是一个很好的补充。此软件可以将面料进行扫描并用于服装整体或局部边缘的绘图，还可以绘制一些服装上的曲度部分、装饰部位以及标记标识等，最后一并在人台上最后形成总体效果。

  Modaris 3D Fit：这个软件可以有助于二维服装样品的3D表现。能够帮助你在还没有裁剪样衣之前做出一些合理的决策，它可以通过不同的手法进行检测：通过人台测量服装的容量与活动量，布料上线迹的偏差，服装变形后的体位，不同垂感布料的效果以及放码后对不同尺寸服装的检视等。

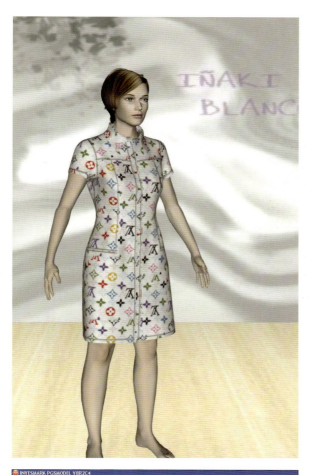

由恩克·布兰可（Inaki Blanco）设计制作的服装样衣虚拟
试穿效果。前一页的截图为他运用Kaledo软件制作的色彩
与印花设计

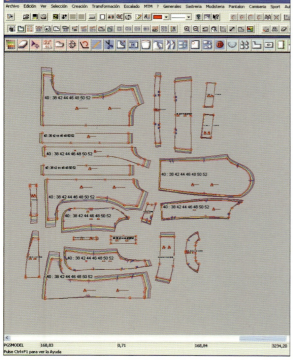

此截图为恩克·布兰可（Inaki Blanco）使用PGS Model软
件排放的服装样板

试穿

传统意义上，试穿是服装从无到有整个过程中的一部分。高级时装要求客户在设计的整个过程中完成两到三次的试穿，这样设计师不断地依据客户的身体结构来调节服装，并寻求不同的制作工艺来完成最终的设计。在高级成衣里，样衣也被多次地试穿（尽管不是一个特定的客户），通常是在人台上进行，最后再由模特试穿。这个过程可以帮助做一些局部的微调，例如，调整褶线的造型或做收腰的处理以及修正纽扣的位置等。如果在真人模特身上进行试衣，能够获取更丰富的信息，例如，舒适感等体现服装品质的问题可得以解决。目前在一些时尚大都市里，专业机构可以提供不同身高体貌以及具有丰富经验的试穿模特。而服装公司或设计师们通常情况下会请他们的一些朋友或家人帮忙试穿，请付费较贵的专业机构只占一小部分，这些机构所提供的优质服务为设计师们各色各样的要求填补了空白。

试衣行家简介
Fittings Division
(www.fittingsdivision.co.uk)

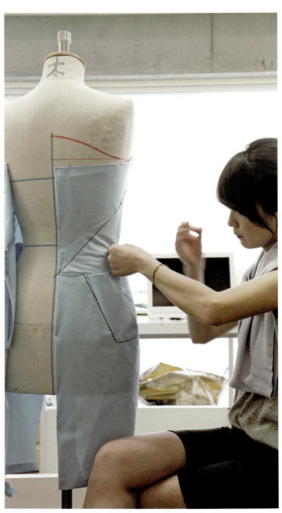

在英国的专业试衣机构中，Fittings Division作为较领先的机构之一自2003年以来，为业界提供了优良且经验丰富的试衣模特。同行中可以算得上是第一家，由兄妹组合姬玛（Gemma）和阿莱克斯·怀特（Alex White）创建。它坐落在伦敦服装业的核心地带，拥有专业而全面的模特和广泛的服装客户群，如Puma、Fred Perry以及Jonathan Saunder等。其女装模特从英国服装尺寸4～28（美国尺寸2～18）以及男装模特尺寸XS～XL都具备，并且年龄层次很丰富。该机构所提供的优质服务为时尚产业填补了空白。

4 设计结果及表现手法
Result and presentation

　　每一个创意表达的过程都以各自的设计结果而告终。作为时装设计，其最终的表达形式将由时装秀、产品样册以及摄影图片集册组成。由此，设计的成果将走入市场并着手销售。

时装展示秀

　　通过时装展示，将整个服装系列呈现在全世界的观众面前。时装秀也是设计师以及他们的团队在工作数月后进行展示的一种方式。在过去的50年期间，"时装周"已在世界各地生根发芽，目前举办时装周的国家和地区不胜枚举。通过一周的活动使得一些城市逐渐步入时尚之都的行列，设计师们的精彩表现吸引了大量媒体的关注。时装周通常一年举办两次，每年的1~2月份所展示的时装秀，是设计师为接下来一年即将到来的春夏系列所做的准备；而秋冬系列是在9~10月份上演。这样可以给予时装公司及一些牌子更多的时间完成其设计、生产以及制订计划，也可以围绕这些活动和事件做好销售工作，一般是在提前一年的时间进行。巴黎、伦敦、纽约、米兰和东京这些时装之都有着较高的知名度并备受媒体的关注。而位于世界各地的一些城市也不断上演非常不错的时装周，例如，柏林、香港、里约热内卢、马德里、悉尼以及哥本哈根，当然还有一些其他地方举办的时装周等。对于男装而言，巴黎和米兰的时装周是最独具特色的。

左图：独立设计师于东京2010~2011秋冬时装秀
右图：设计师品牌，维多利亚&卢奇诺（Victorio&
Lucchino）时装秀图片
下图：某一时装秀场图片

上图：2010年2月，设计师莱蒙尼兹（Lemoniez）在马德里时装周上的秀场图片，由迈克·马德里（Mike Madrid）摄影

右图：在巴塞罗那时装周上，设计师品牌Zazo & Brull发布的有关武士道精神的时装作品

　　时装秀是推广服装系列设计的有力手段。对于最后展示在观众眼前只有几分钟的时装秀，但在舞台表演等方面的投入以及努力是巨大的。而是否能够被成功地报道以及有什么样经济上的回报都是不确定的。因此，对于采取什么样的方式做展示需要细致考量，不仅要展示品牌的设计宗旨，同时还要针对目标受众。一些设计师更愿意参加有选择性的官方时装周，因为有比较认可的观众和存在针对某一类型服装的购买力。而另一些设计师会选择多个时装周进行展示，如设计师大卫·德尔芬（David Dalfin）分别参加了马德里时装周和纽约时装周。随着新闻媒体对设计展示兴趣点的增加以及服装销售的增进，时装秀的举办应该是成功的，如拙劣的时装秀不仅获得差评，对设计师职业生涯也有负面的影响。组织举办一场秀需要很多不同专业人员的参与，包括设计师、代理机构、模特、形象设计师、舞美音响设计师以及摄影师等。在此推荐你所选择的人员其工作经验等最好和你的品牌需要以及表现的设计宗旨能够合拍。同时，做好公共关系等工作也非常重要。所选择的新闻媒体能够对你的设计表现有所理解并发布有价值的消息报告。最后，活动的主办团队应该掌握对参与本次活动进行品牌宣传其有利的那些内容应该如何展开工作，例如，时尚编辑与时尚买手们的参与，尽可能将总体表现做到一致。

上图：设计师品牌爱莎浪格（Avsh Alom Gur）2010年春夏系列
右图：Homini Emertio品牌样品图册中的作品，2008年

时尚摄影图片集册

　　时尚摄影图片集册以及服装系列设计样品图册对于设计师们以及时尚品牌在展示其设计效果时起到重要的作用。一本不错的图片集册可以帮助时装店里的销售人员向客户提供恰如其分的有关整体设计中单品设计理念的解析，同时也带给客人们一些很好的建议。好的造型师、摄影师以及与目标受众非常接近的模特，当然还有精彩的艺术指导以及上层的欣赏品位，都带给服装时尚相当不错的整体效果，并将成为整个系列设计的亮点。一些品牌会请名人、明星或国际名模来完成拍摄，而有些品牌会聘请知名度较高的摄影师和艺术家参与此项工作，从而打造一本艺术品位较高的时尚集册。以上无论哪种选择，其规模性的投资，都会通过媒体在取得大众们较好的评价中获得回报。一些比较经典的例子如，模特安诺可·里佩日（Anouck Lepere）给设计师斯特拉·麦卡特尼（Stella McCartney）打造的巡游系列，以及男模乔恩·考塔加瑞那（Jon Kortajarena）为品牌Mango2008年时装系列所做的努力。一些时尚品牌的公共关系以及广告代理机构会将图册中的内容放置于英特网上，并以此与时尚大众们进行沟通。很快，一些年轻热爱时尚的网民们不仅获益，也成为品牌商们积极推广服装系列的目标对象。为此，在世界各地不同的国家与地区被选拔出一些时尚风格大使，这些被挑选出来具有特殊时尚造型潜力的女孩子们，便成为了很多时装公司的"移动样册"。

不可或缺的时尚信息

What no fashionista shonld miss

杂志

A Magazine
www.amagazinecuratedby.com

Another Magazine
www.anothermag.com

Bon Magazine
www.bonmagazine.com

Cosmopolitan
www.cosmopolitan.com

Dazed & Confused
www.dazeddigital.com

Elle
www.elle.com

Fly
www.fly16x9.com

GQ
www.gq.com

Harper's Bazaar
www.harpersbazaar.com

H Magazine
www.hmagazine.com

L'Officiel
www.officiel.com.ua

Lula Magazine
www.lulamag.com

Marie Claire
www.marieclaire.com

Neo2
www.neo2.es

Numéro Magazine
www.numero-magazine.com

Nylon Magazine
www.nylonmag.com

Plastique Magazine
www.plastiquemagazine.com

Status Magazine
www.statusmagonline.com

Tank Magazine
www.tankmagazine.com

Tendencias Fashionmag
www.tendenciasfashionmag.com

V Magazine
www.vmagazine.com

Vanidad
www.vanidad.es

Vogue
www.vogue.com

Wad Magazine
www.wadmag.com

博客和网站

A shaded view of Fashion
www.ashadedviewonfashion.com

Chictopia
www.chictopia.com

Facehunter
www.facehunter.blogspot.com

Fashion&Style on *New York Magazine*
www.nymag.com/fashion/

Fashionisima
www.fashionisima.es

Fashion TV
www.ftv.com

Garance Doré
www.garancedore.fr

I can teach you how to do it
www.icanteachyouhowtodoit.com

Inside am-lul's closet
am-lul.blogspot.com

Kate loves me
www.katelovesme.net

Lookbook
www.lookbook.nu

Mensencia
www.mensencia.com

Not Just a Label
www.notjustalabel.com

The Fashionisto
www.thefashionisto.com

***The New York Times* Style Magazine**
www.nytimes.com/stylemagazine

The Sartorialist
thesartorialist.blogspot.com

Trendslab bcn
trendslabbcn.blogspot.com

Trendtation
www.trendtation.com

StockholmStreetStyle
carolinesmode.com/stockholmstreetstyle

Style
www.style.com

Style Cliker
www.styleclicker.net

Unlimited Clothes
unlimited-clothes.over-blog.com

50个创意策略
50 Creative Solutions

亚历珊德拉·维索尔伦
Alexandra Verschueren

www.alexandraverschueren.com

亚历珊德拉·维索尔伦出生并成长于比利时的安特卫普，她非常热爱时尚设计。她选择了声誉度极高的比利时安特卫普皇家艺术学院就读，这也是一所在20世纪80年代成就了安特卫普六君子的知名院校。近些年来，也有一些设计师诸如本哈德·威荷姆（Bernhard Willhelm）、彼得·皮洛特（Peter Pilotto）等相继从这所院校走出来。在以优异的成绩毕业后，亚历珊德拉选择了纽约的一家名为Proenza Schouler的公司进行实习，一个月之后来到Derek Lam品牌公司并从事初级设计师的工作。其间，她向Hyeres的国际时尚摄影节递交了参与申请。在被认可后，返回比利时并做相应准备。在2010年4月举办的艺术节上，亚历珊德拉的作品"Medium"获得了评委会大奖。这些评委中有时尚业界里可圈可点的德赖斯·范诺顿（Dries Van Note）、莎拉·默维尔（Sarah Mower）、玛丽亚·科尔内霍（Maria Cornejo）等。

设计定位

我的设计目标的定位应该不仅仅是一个女孩。在设计时，我的出发点并没有放在一个很确切的女性身上，而设计理念和即将采用什么样的面料及工艺进行转化是我首先要考虑的内容。只有这些都基本完善了，在整体的设计系列中才能够看到这位女性。我喜欢强势具有神秘感同时非常真诚的女性，她不需要刻意的与众不同，但其实是非同一般的，也无须用太冗长的语言来形容她。这是一位激情四射且对细节很关注的女性，一旦她喜欢上这件服装款式，将是她的终生所爱。

灵感来源

通常有很多来自不同领域的事物都可以激发我的设计灵感。它们不仅仅有来自时尚方面的信息，还有艺术、设计、手工艺、科学以及文学、情感、友谊、艺术家们的作品、书籍等，都对我有所启发。这次的作品"Medium"其灵感来自于德国的一位摄影艺术家托马斯·德曼（Thomas Demand）。在他的摄影作品中，重新演绎了生活中非常熟知的一些场景，如厨房、空旷的办公室以及浴室里等某些内容。对于观赏者而言，你似乎感觉到一些内容的存在，可是当你仔细观察会发现自己"上当"了。例如，你所看到的这台吸尘器并不是真正意义上的吸尘器，而是重新打造的，是和你在对现实的理解开了一个玩笑，我非常喜欢运用这样强有力的媒介来塑造画面的效果。而作为设计师，你需要经常面对各种画面（用以记录设计构思、画草图以及准备样板等）。因此，我开始尝试将这样的一种画面理念用服装进行诠释。我试着将纸张作为服装面料进行思考，采用日本折纸工艺中的一些技法。就此一种随遇而安的造型出现了，它是一个不需要刻意去打造且具有雕塑般的设计，而且所使用的纸张材料可以做很多的图案处理。例如，在具有吸墨性的纸张上做点墨处理，采用儿童画中那种真实的笔触效果，或是速写本中的特殊线条效果。最后我的设计主要是运用纸张做载体，只增加了一些毡子羊毛材料和棉并辅以高密度的聚乙烯合成纸加固。其颜色采用了我们经常使用圆珠笔的三色——红、蓝和绿。同时，在吸墨纸上做点染墨印效果以及铅质线条效果，并且增加了一些自然灰及驼色，黑色的涂层不仅起到平衡的作用，同时也给予明亮色系做了很好的补充。

设计创作

　　将折叠的纸张转化成面料并在女性的身体上进行成形设计是一件非常具有挑战的事情。我不希望服装掩盖了身体的造型，因此每一片的设计都力图精准。这种技巧和创作历程对于我的整个设计而言是举足轻重的。这些将设计理念转化成创意结果所做的工作与作品的最终设计效果一样重要。我力图使用时装作为我的载体，因而在人们如何看待和思考时尚服装这个问题上做了很多的研究。在设计中，我把创意理念和服装造型当作非常重要的两个方面同时进行研究，并不断地观察与协调它们之间的关系。服装设计中有很多令人激动人心的方法，我试着从服装与载体中找到灵感，并尝试着将它们分开，如同一个孩子希望看到"里面有什么呀？"，不断感到服装整体造型所带来的挑战，如将其边缘拉到多远的位置能够保持一定的造型。另外，在服装的创作中，了解女性朋友们着装时的穿用性能是什么样的也非常必要。因此工作中尽量做到事无巨细并有充分的研究，特别是运用一些实验性的方法，当然，这些实验也是起起落落有得有失，然而这也是我工作中很重要的一部分。我希望在服装中保留一些创作的痕迹，这也是为什么我的设计中有尽可能多的手工完成部分。作为设计师，你需要有这样的精神或能够面对这样的挑战：你所要达到的最终结果并不是一开始所预计的那样；富于创见性地挖掘可行的设计策略；视觉上寻找我们从未见过的设计效果。

作品风貌

　　最后的作品设计很好地传递了设计理念。亚历珊德拉的设计焦点是希望打造穿着性强，甚至是每天都可以穿着的服装，而不是看起来比较古怪或好笑的一类设计。因此，她所希望的穿着目标有一种认真且中性的美，这也是其时装设计中所追求的一种美。

亚历克西·弗里曼
Alexi Freeman

www.alexifreeman.com

亚历克西·弗里曼于1978年12月出生于澳大利亚的霍巴特。他于2004年获得了塔斯马尼亚大学的艺术学学士学位，主修专业是印刷与雕塑设计。在他的艺术作品中，经常大量采纳来自时尚的设计理念和审美技巧。弗里曼在2005年前有过为数不多的印刷作品和时装设计，在2005这一年，塔斯马尼亚政府通过塔斯马尼亚艺术学院向他提供了创意基金，帮助并支持他开创了以Alexi Freeman命名的品牌。2006年，总部设在墨尔本的设计公司开始发布女装系列，其设计重点在于印花和手工装饰面料，并运用了立体裁剪和精工细作等方式共同完成。到目前位置，弗里曼已经发布了8个季节性的成衣系列的设计，在澳洲、新西兰、美国和欧洲，他的零售服务商和私有客户的数量一直在增加。弗里曼非常擅于选择各色图形进行创作，这些设计的特点在于将艺术与时尚很好地结合，使受众们加强了对前卫时尚的理解，推广了都市化时尚概念，并为当代摩登女性做出一定的贡献。

设 计 定 位

她是来自不崇尚明星时代的明星，是在过往美丽缅怀中追求具有未来主义时尚态度的后朋克革新者，对她的猜测此起彼伏，也许在洗尽铅华的高级时装造型里，略带一丝奢靡的都市实用主义者的影子一直围绕着她。她四海为家，艺术气息浓厚，漫步在钢筋水泥的丛林中并化腐朽为神奇，这种神奇一并成为即将到来的大势所趋。在工作与娱乐之间没有太多的时间变换造型，如果你不让她看起来性感，她是不会枉费心思的。她有时很怀旧，对颜色的感知很特殊，并有其崇拜的明星。

灵感来源

　　1940年，克里斯汀·迪奥（Christian Dior）发布了H型线条的裙子，由于其修长而合身的造型被誉为"铅笔裙"，寓意着通过对身体的束缚而强调一种女性自由主义美的回归。1980年，这种经典的紧身造型又流行回来了，其收紧的部分与强势的肩部造型形成的对比，预示着女权地位的崛起。在2010年的时尚发布中，我找到了一款反映现代时尚女性的套装，它和我曾定位的设计目标很吻合。在玻璃天花板的视觉回击中，将一件注入了强势图效且精工细作的外套融入一些运动元素，打造出一种新的设计风貌及品位。它由这样的一些内容组成：经典的铅笔裙和中性外套（上面铺满几何形图案）配以视幻图形护腿，内衬以网纹针织衫，服饰配件为皮制手袋。色彩上采用中性灰色调，黑色丝网印加强色泽感，反反复复的印花图案设计创意十足。外套的面料为羊毛/开司米，铅笔裙取材于意大利并印制有题为"mini-flapper"的几何图形，这也是我为本次设计专门打造的图案造型。此图形的接缝条纹匹配效果力图在设计上制造光学结构影效。每一片的里衬都为中性色调的醋酸人造丝，衬里上也都印制了同一主题的图形。与之相搭配的是采用澳大利亚美利奴羊毛丝坯和棉/聚酯混合的菱形网眼衫，服饰配件是一款白色皮质手袋，油质棉料饰带以及打上装饰钉的可调节合扣。

设计创作

　　我希望在经典的款式中打造摩登的设计风范，因此我挑选了60年来一直是女性着装款式中非常经典的一些品类，并附以各色不同的材料混合在一起重新演绎一种生机勃勃的设计。我一直喜欢运用人字形纹以及犬牙花纹作为织纹的主角，而这次我全新设计出完全属于自己的一款主题为"mini-flapper"的图案，也是非常怀旧的一个主题。其中传统的织纹上衣被美利奴针织衫替代，而高弹的袜子也被针织类的衣衫所替代，代表我个人的AF时尚由此而诞生。我给那些喜欢合体类服装的女性朋友们提供了充分的选择，但这并不是一个经得起几代人们考验的穿着公式。

作品风貌

　　作品通过黑色以及具有魔幻般的深浅本色，特别是里里外外的图形图案来完善设计的整体风貌。在这一款由多元的面料、廓型以及构思打造的设计中，每一处都是不甘平庸的。设计结果是在经典剪裁的基础上表达出一种强烈的时尚摩登风范：精致而复杂且优雅的外套与运动休闲流行时尚交相辉映。

阿玛亚·阿苏亚加
Amaya Arzuaga

www.amayaarzuaga.com

阿玛亚·阿苏亚加是目前西班牙时装设计师中最具国际影响力的设计师之一。自她使用自己的名字开创时尚品牌的15年以来，她已经在伦敦、米兰、巴黎、纽约、巴塞罗那以及马德里等城市展示过时装设计。目前，她设计的服装在25个国家出售，在西班牙有200多家的批发零售商代理了该品牌。2005年，她获得了西班牙艺术大奖金奖。她也获得了由时尚杂志*Telva*、*Elle*、*Woman*、*Glamour*以及*Cosmopolitan*颁发的时尚风格方面最受欢迎的奖项，另外，她还获得了EL Mundo视觉艺术大奖、青年企业家拓展奖、Arte de Vivir大奖以及西比利斯一等奖。她为知名导演佩德罗·阿尔莫多瓦（Pedro Almodovar）的电影《颤动的欲望》（*Live Flesh*）设计演出服装，此外，为法国巴黎迪斯尼乐园15周年纪念中的库伊拉设计造型等。她是一位多才多艺的设计师，她的设计纯粹且结构造型感极强。

设计定位

我心中的那个目标——"她"应该是来自纽约具有颠覆性的朋克摇滚乐队Yeah Yeah Yeah的歌手卡伦·O（Karen O）。我非常欣赏她与众不同的魅力以及其音乐反映出的时尚态度和戏剧性的风格。她的着装风范极具个性化，并且不断地进行改变与翻新。

灵感来源

　　从蝉蛹变形到昆虫，整个是一升华的过程；蚕到茧，最后成为飞蛾的这一转化如同此模式。对于很多事物而言，具有双重性是其本质，美同样如是。任何一种时间的排序都在改变着宇宙时空以及一些运动，哪怕是蜻蜓微微煽动其翅膀这一触动，同样吻合此道理。我的灵感来自于运动中的蝴蝶翅膀。在此情况下，需要选择一种比较轻盈的面料，不仅轻而且还要具备一定的挺括感。这样，我选择了两种面料混合使用：树脂合成的纤维胶和打褶薄纱。我非常认可黑色，因此选择了单纯的黑来释怀。

设计创作

　　我所打造的是一款连身裙装设计，通过在女性身体上进行自然的缠绕和随性的包裹，让穿着者感觉不到被束缚。使用略带拉伸性的树脂胶材料，使得裙装既合体又有廓型感。整件款式没有拉链以及一些固定的开合处以保有一种自由的风范。我们在人台上给薄纱做打褶处理，并营造出寓意着蝴蝶翅膀轻盈舞动的视效。

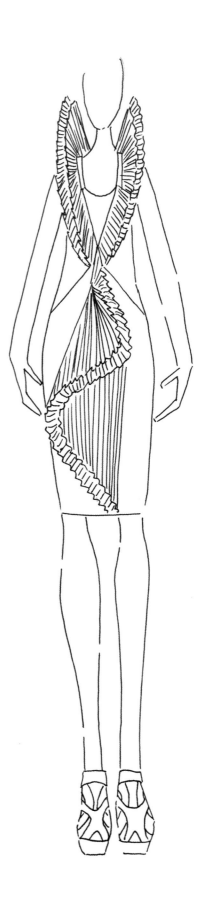

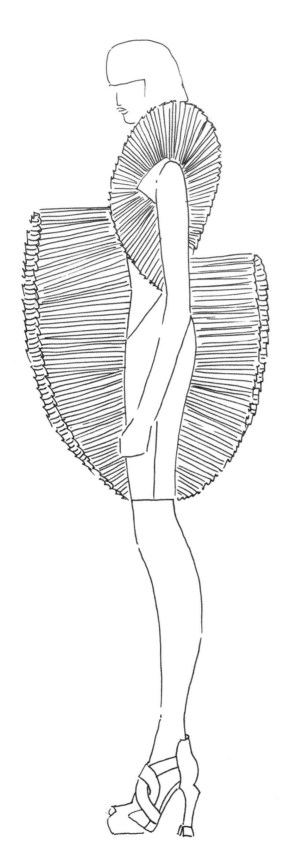

作品风貌

　　这是一款极具女人味、轻盈优雅且便于穿着的连身裙装。此套裙装非常忠实于设计师所提出的设计概念，服装上蝴蝶翅膀的颤动带来一丝纤细且温文尔雅的美。由阿玛亚·阿苏亚加设计的鞋子同样兼具该品质与原创性。现在我们看到的鞋子是准备与服装相搭配的不同款例，但都属于一个系列。前两个为特制的皮质凉鞋配以交叉饰带，前后融入天蓝、裸色以及珍珠灰等颜色，鞋跟雕刻感极强。第三款也是一款多色组合脚踝系带凉鞋，由黄色、银灰和黑色的组合带来些春意的气息。

安德里亚·卡马罗萨诺
Andrea Cammarosano

www.andreacammarosano.com

安德里亚·卡马罗萨诺于1985年出生在意大利的德里亚斯特。在佛罗伦萨学习了一年的时装设计之后，他决定前往比利时的皇家艺术学院。于2008年毕业后，他开始给具有安特卫普疯老头之称的比利时六君子设计师之一华特·范·贝伦东克（Walter Van Beirendonck）做助理设计师，负责开发新的系列设计。本书中提及的设计项目属于他毕业后第一个系列中的一款，这个系列名为"Bury me Standing"。在这个系列中，他针对"保护"与"认同"的着装概念进行了较为深刻的思考，并在世界各地如纽约的MOMA现代艺术博物馆以及维也纳的博物馆中展出。他还和一些艺术家如纳塞斯·托德奥（Narcisse Tordoir）以及费希尔·斯普纳（Fischer Spooner）有过合作。目前，他正忙于当前的一个系列设计，名为"我很怪"。

设计定位

他年轻、高挑、性感，并且身材较好，具有想像力且个性十足。虽然男装设计有时比较枯燥，但我不想把他定义为具有简约之美的骨感男孩，因为觉得那样有些无趣，并且这种感觉现在很多设计师都在重复使用。一段时间我曾有过厌食症，之后身体消瘦且思绪萎靡不振，感觉很不好。还是应该吃一些高碳水化合物的食品，这样会让你的情绪好很多——这可是有科学依据的。

灵感来源

　　我不太能够确定我的设计灵感来自于什么地方。我想设计理念能在脑海中被确认是需要相当一段时间的。当你对所需要的设计有比较清晰的感受时，你会找到一些缘由。然而，过于深思熟虑或许有些危险，因为太多的设计语言会混淆你的构想。我看到周围有很多从事时装设计以及艺术设计的朋友运用"主题"展开工作，并称主题为"设计概念"。但是我不这么认为，比如海滨、Kubrick积木人、1970年、怀旧等都可以被称之为主题，你可由此延伸出好的设计并使用有趣的方式将它们进行混搭完成设计，而作为概念却是不同的。整个项目的创作如同是一场战役，你可能和饥饿或是厌食症相抗争，这个世界充满了抗争、较量与斗争。在此有一种类似被认同的格调，可以说时尚设计即是对这种格调的讨论，或是完全打破常规而独树一帜的特有格调。当然你需要使用恰如其分的语言和一定的设计规范等，否则你不能够顺理成章地完成设计。我时常调动自己已有的认知，以前一些过世的人们使用精美的装饰以及丰富的物件儿充斥整个房间以期待来世使用。当你因为遇到战争或是不可预知的一些事情不得不离开的时候，你必须准备好，选择一件你认为最珍贵的物件伴你永行。你也许希望把整个家放入口袋中带走，而最后你发现那只是一丝愿望而已。除非你根本就不参与这样的抗争与战役。也许从一开始你已感知这是一条充满着冒险的不归路。当然选择正确的盟友，携带真实的愿望，总有一天你会成功的。所以对已经拥有的心存感激，对即将发生的做好准备吧。

设计创作

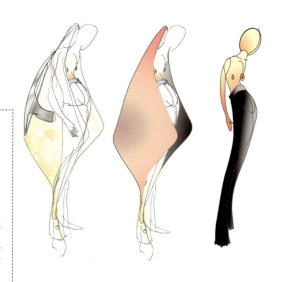

　　我的设计过程非常抽象。正如我提及的，每当出现一些事物，我会追根溯源去寻觅其所以然，也许是在不同的时空中去找寻并组合。我经常被一些美食所吸引，当然主要是关注其"质感"并将之与服装中的面料、造型以及肌理等设计元素相结合而形成最后的设计方案。有时候一种推测让我感觉到食物给身体带来的压迫感，人体并不是中空的，甚至是比较丰满的。有时，在身体上合适的部位进行束压时，人体的体貌会给你带来你想要的效果。例如，腰带，轻轻地束合会呈现性感的造型，此时的人体理所当然的成为了我的设计灵感。我希望将之分解、变形并遮盖。我想，这也是为什么我的作品富含雕刻感的原因所在，这也是一些评论中提及的，通过服装的空间融合量来塑造的雕刻感造型。说起面料，我认为其颜色是我的最爱，它们给我带来如此多的乐趣。我个人比较喜欢对比感极强的设计，例如，蓬松而毛绒绒的质地和轻盈的雪纺组合的面料，高科技迅捷的质感与粗犷的天然质品相结合等。此次所描述的这个设计，使用的是本人非常喜好的欧根纱，它具有透明且非常有韧性的美感。在此，通过透亮且女性味道十足的组合配以金属质地的闪光亮片等重新演绎了军服设计，这也是该设计的主题思想所在。其设计理念是基于抽象派艺术作品的廓型结构，打造一个在不同状态下促使身体产生变化的中空机器。从图片中你能发现此设计还使用了聚酯茧材料。这个被塑造的行走构架，当遇到危险以及困难时可以从不同的角度进行重塑，直到更好地被接纳。

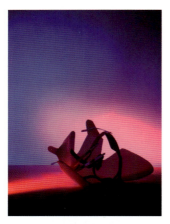

作品风貌

　　作品中安德里亚选择的是身材不太高大但比较结实的模特，由此略显出了在穿着了衬衫和腰部较大的烟囱状结构后的拙态。靴子也是为符合服装上的金色和欧根纱的质感等需要精心选配的。穿着者似乎在这样一个酷似塑料壳的造型中感受着服装所带来的不同感受。正如安德里亚所言："正因为有了这些遭遇，你才感觉到身体的存在。"

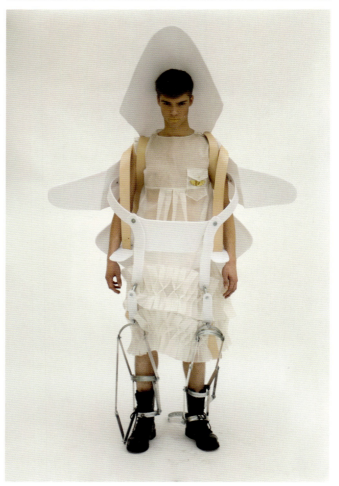

赵雅罗
Ara Jo

www.notjustalabel.com/arajo

从久负盛名的伦敦中央圣马丁艺术学院毕业之后，赵雅罗希望在伦敦——这个她曾经学习经历过的大都会城市里开创自己的品牌。尽管还是时尚界的一位新人，但她的一些设计梦想却已经变为现实，如给新潮流行歌后Lady Gaga以及一些明星们设计服装，诸如杰米利亚（Jamelia）、丽安娜·刘易斯（Leona Lewis）以及歌手Buttafly，这样使得她在伦敦的时尚界有了一定的知名度。自她的毕业秀展示以来，新闻以及媒体界表现出对她的高度兴趣，并在当下一些重要的时尚杂志中发布了其作品，如*Neo2*、*InStyle*以及*Nylon*等。她的设计情迷于神秘而富于幻想的童话故事，并且使用非常优美的载体表现设计，如乐神缪斯。设计中也表现出其大胆而疯狂的一面，她通过错综复杂且精益求精的细节以及令人激动人心的感官设计，独到的创建以及对材料的多元应用等，为她的个人设计魅力添分不少。

设计定位

她是一个来自于19世纪富于魅惑的女吸血鬼。事实上，我一直认为自很久以来，在我们的周围有这样的吸血鬼。她充满着自信，喜欢游戏魅惑。她的着装浪漫、精练且非常雅致。

灵感来源

　　在斟酌设计时，我充分考虑并发掘吸血鬼的那些显著特征，如毒牙、蝙蝠翼、咬痕以及血迹等，在重新解读并演绎的同时体现总体时尚设计的魅惑感。吸血鬼游离于真实与想象、人类与非人类、接纳与拒绝之间，而我的设计也是表现这种神秘感。我从哥特文化以及浪漫主义文化中寻找那种富于幻想、激情洋溢，在是与非中抗衡以及存在些许性感等设计体现。服装设计中希望借助于材料表达一种神秘、忧郁且诱迷之感，具体有漂制的丝绸、棉、丝绒、金属纤维以及薄纱，配饰中搭以胸针、搭扣和钩针等。我比较喜欢深色系的颜色，如紫红与黑色，并与金、银色相组合。

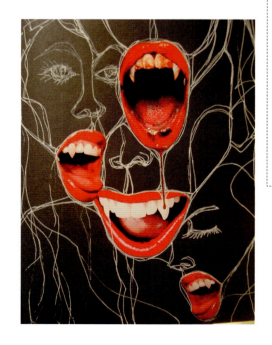

设计创作

　　由于有这么多的时尚素材，整个设计也创意十足，但同时也需要深入探讨，以免在设计上过于浮夸。对于服装的造型和立体效果，我做了很多的尝试以至于能够表现出富于戏剧化的设计风貌。首先，我画了一些草图直到发掘出希望达到的造型图稿。在此，袖子的形状及其局部结构模仿狮头的形状进行设计，并用白坯布做实操。然后，我将得到的板型以及修改后的一些结构在人台上做调整，之后再进行服装的缝合。而后在试穿时，我能够感觉到基本符合设计要求，并不断调整局部造型和整体舒适度。最后，我尝试着将服装的每一部分以及细节拿捏好，以达到最好的效果。

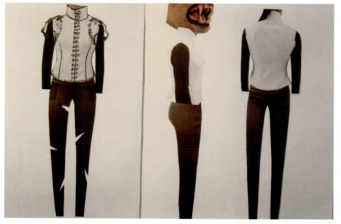

摄影：安德烈亚斯·维德苏伊特兹（Andreas Waldschuetz）
造型：阿迪雅·翠斯勒（Adia Trischler）
化妆：斯蒂芬妮·拉姆（Stefanie Lamm）
发型：帕特里克·格拉特赫（Patrick Glatthaar）
后期制作：克里斯蒂安·弗德里奇（Christian Friedrich）

页码/100+111

作品风貌

　　整体造型中，水洗绒打造的长裙，其腰头处附以金色的宽腰带，后高片开衩以保证穿着者行走舒适。后部的水洗绒刚好截至于胸部的下端进行裁剪。高领设计不仅矜持而且酷感十足，同时也拉长了整体造型。在袖肩处造型感十足，同样也是模仿狮头式样所得。当然还有一些配饰，如鞋子、手镯、耳环以及令人眼前一亮的金色缀饰，伴随着这样的一些细节，将模特塑造成正如我们在设计目标中提及的吸血鬼模样。

奥斯格·尤尔·拉尔森
Asger Juel Larsen

asgerjuellarsen.blogspot.com

丹麦设计师奥斯格·尤尔·拉尔森自从2009年以优异的成绩获得伦敦时装学院男装设计的学士学位以来，备受媒体关注，此外，他还入围著名的Mittelmoda国际时尚大赛的决赛。在他的学位作品集中，其设计灵感来源于一些重要的历史事件，如俄国末代沙皇尼古拉二世的加冕典礼，以及电影《终结者》中的人物形象，以中世纪战争为主题，同时进行全新的演绎。该作品以强对比为特征，深入探索并表达了具有男性魅力的设计。柔和的轮廓使僵硬的结构转化为两个较为对立的想法：繁复与简洁。这种一分为二的方法是通过采用具有未来感的材料，如皮革、PVC、橡胶绳和不同的金属等来反映的。奥斯格·尤尔·拉尔森目前正忙于他的2011春夏系列发布会，同时完成在伦敦时装学院男装硕士学位的学习。

设计定位

他大概在25岁左右，有着一些不同寻常的爱好。他非常热衷于自己在20世纪80年代收藏的科幻小说中的系列玩具。他最喜欢的电影是《黑湖妖谭》、《犯罪分子》和《终结者2》。他喜欢装扮时尚并且自我感觉良好，喜欢外出和朋友们狂欢。

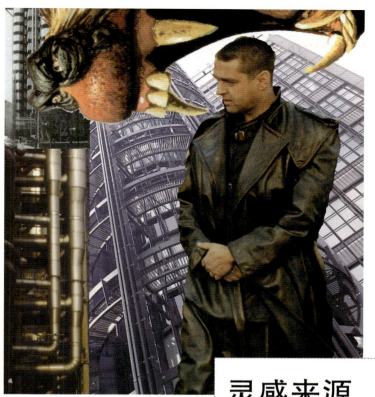

灵感来源

　　此英雄面对着属于未来的过去的这样一个场景，其中充斥着粗糙而原始的工业建筑，令人回想起理查德·罗杰斯启示中位于伦敦东部的英国劳埃德银行大楼。弥漫在整个建筑中的线缆、管道、轴柄以及升降梯等如同经脉与骨骼，一种极富美感并且运用到他的体格中的构造，附在表面的是增加安全系数的金属嵌板以及金属缆线——结构即是如此。整个的视觉语言中融入了由朱莉·泰莫导演的电影《提图斯》里的视觉设计，其黑魅且荒诞不经的戏剧形象令人印象深刻。在更为严酷的未来即将到来时的一种折衷，在残忍的战斗中为生存而进行保护的一种决定。将骑手与击剑者的制服中相关元素转换成主人公的战服盔甲。头盔的结构来自于1970～1980年流行的自行车骑手装备以及马蹄保护装置，并映射出被精准打造的细节与工艺。

设计创作

　　对于我来说，设计的整个过程是从最初的构思到最终的成品表现。我的思绪经常会有所跳跃，但在整个工作流程的不同部分里我依然保持着对最初构想的专注。设计之前，我会深入并透彻地研究这样一个特定的主题。例如这次的设计创作，是有关未来主义的建筑和科幻电影等，我通过阅读、绘画，参观相关展览、拍照、记录，并针对所选择的主题与具有丰富知识结构和持有不同观点的人进行交谈，展开了些林林总总的工作，这些总是帮助我透彻地明白了我正在做的事情。因此，我从比较粗略的草图开始，逐步拓展成为实际的设计。在做此项设计的时候，我发掘了一些相关的面料和材料，因此设计和面料的收集齐头并进。然后我开始用白坯布来实现一些细节的设计并找出了哪些是有效的设计，哪些是无效的。确定使用金属材料或是一些替代材料时，最为重要的是实验、实验再实验。对于我所设定的目标，希望塑造的是一个喜欢冒险且不断成熟的男孩但却极具男子汉气魄的形象。它应该是一个结构化的、轮廓从底部拟合且从腰部逐渐增加的造型，所以它最终呈现一个V字形状。裤装是由软橡胶与厚实可见金属拉链以及两粒扣子组成，运用垂直绗缝，裤子与背心相链接。至于背心，它与裤子是同样的织物，它有28根导管与底边结合的绗缝肩板。有金属钉的橡胶绳通过小孔眼用任何你喜欢的方式放在每个导管背心上。制作时，先缝合脖子上的两个金属扣和下摆，然后是8米（26英尺）中的铬金属管子。通过使用磨床我把金属管切成不同的型号，所以，当移动你的身体时，导管的运动也变得不规则，产生一种不规则的灵动感。

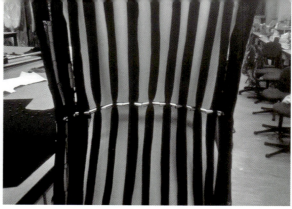

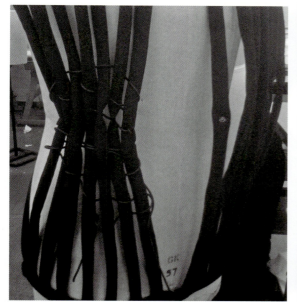

作品风貌

　　这件衣服被设计师奥斯格定义为"一个冒险者寻找一种勇敢的生活。"服装激发并反映出设计师希望表达的多个方面。这是一个生存于工业建筑林立的英勇男神，一个来自未来的装甲骑士。这些巧妙的设计是以氯丁橡胶、金属和金属丝等材料的特性为依据，并略带些哥特风而构思的。图片中传达出了特定的怀旧情结。他看起来聚集了过去、现在和未来的气质，并结合多元的灵感素材而做综合而全面的表达。这是一个具有不断探寻精神并且非常阳刚的家伙，献给那些愿意活出新的自我的人。

埃沙·浪格
Avsh Alom Gur
www.avshalomgur.com

埃沙·浪格是一位来自伦敦的设计师。他以优异的成绩毕业于中央圣马丁艺术学院的服装设计专业，之后加入了唐娜·凯伦（Donna Karan）时装公司并成为一名晚礼服设计师，这正好也符合他的主打设计品类。他曾经作为一名自由职业时尚顾问，给一些知名而领先的时装屋及品牌提供服务，这些品牌有Roberto Cavalli、Chloe以及Nicole Farhi。他最近的一次合作是作为Ossie Clark的创意总监，负责重新打造具有典型英式风范品牌的设计。埃沙·浪格于2005年发布了属于自己品牌的系列设计，在过去的约10个季的伦敦时装周上，他一直持续发布自己的时装作品。他的设计融合了东西方设计元素并且充斥着都市韵味，他获得了由英国时装协会颁发的新生代设计大奖以及由Topshop连续三季颁发的奖项。

设计定位

我期待的目标是对传统的女性美具有挑战精神的女人。她是一位穿着有个性、独立且活泼的摩登女性。我设计的服装所针对的女性，是那些将自己的衣橱当作艺术品来管理的可爱女人。

灵感来源

　　灵感对于我而言无处不在，每天呈现在我视野中的内容都可以成为我的设计灵感。我时常能够在别人看起来比较混乱或不洁的内容中发现一些与众不同的美。在大都会伦敦，我找到了很多可以成为获取设计素材来源的景观，它们有可能是被处理的包装、空饮料瓶或是在街头随处可见的一些杂物等。当将艺术与部落民族文化的工艺设计融合在一起，美即刻到来。在这样一种情况下，我通过光效应艺术——欧普艺术Op Art的视幻效果，大胆注入了黑、白两色并辅以一定动感的图形设计，色泽奇异动人、丰富且随性。我时常选择一个色系的颜色进行组合变化，在深浅不一的搭配中寻找生动的视效；我也很喜欢运用打破常规的方式获取一种偶然的色彩效果。比较热衷于天然纤维类的面料诸如棉、麻以及丝。以前，我通过购买坯布并根据自己的需要来做效果，如丝网版印制效果、染色效果以及破坏性处理效果。通常，我乐意在一件服装中运用多种肌理以及厚重不同的面料，并将它们混合在一起，寻找我想要的效果。

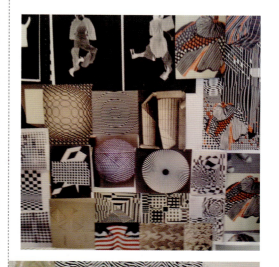

设计创作

    对我而言，设计如同是在讲述一个故事，它富有幻想且精彩纷呈，并能够与人们进行很好的交流。一旦故事发生，它就像一种指南帮助我把想象中的色彩以及材料等素材不断地抒顺并寻找机会进行创作。选择一个故事情节，闭上双眼并设想一下你所期待的穿着效果，然后就开始行动吧。通常在创作一系列的设计时，我会和我的团队以及一些有造诣有贡献的设计师们形成一个有机的整体，并进行充分的交流与对话。为了保证埃沙·浪格品牌其产品具备至高无上的质量和独一无二的设计风范，其每一件服装包括服饰等都是在位于伦敦东的埃沙·浪格设计工作室独立完成的，或是由本品牌严格地设计监控而打造的独创设计。整个设计过程从染色到印花，从面料的处理到服装上缉线的选择以及后整理等大都由伦敦设计时装屋或工作室等有经验有才华的专业人士完成。我的工作环境可以说是序中有乱，一些我从街头巷尾收集的面料、材料以及装饰品配饰等从工作室的天花板上垂落而饰，这是一个比较开放的空间，主要工作人员是设计师和技师们。

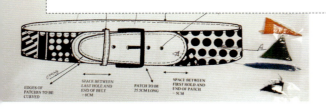

作品风貌

　　作品的廓型设计由干净、利落、具有几何造型的线条打造而成，摩登感十足。简练而流畅的剪裁，在合合分分的造型中展现出了悦动的视效。女性化极强的连身裙轻松制造出一种随性而舒适的时尚感。丝质的连身款式配以简约的图形设计，既富于个性的变化同时又是一类永恒的时装款式。透光效果的图形图案在光线的召唤下若隐若现。其他一些辅助设计诸如手镯和腰带等与各自的裙装款式交相辉映。

博瑟特/肖恩
Boessert/Schorn
www.boessert-schorn.de

　　设计师索尼娅·博瑟特（Sonia Boessert）和布丽奇特·肖恩（Brigitte Schorn）一起在德国哈雷的伯格戈壁新斯坦艺术与设计大学学习时装设计。就是在此，她们准备珠联璧合强强联手打造一个独一无二的品牌BOESSERT/SCHORN。她们的处女秀于2003年在法国耶尔举办的时装摄影节举行。这次活动对于该品牌而言无疑是一个转折点，并由此而蒸蒸日上。自2006年以来，BOESSERT/SCHORN一直在东京以及巴黎完成了一年两次的作品展示。在她们新近一次2010～2011秋冬时装展中，设计师们决定开拓美国市场并在纽约做时装展示，并预期取得了连连好评。该品牌的单品能够在世界各地的专卖店中找到。其款式的设计综合了她们所喜爱的一些纺织品与织物的特色，其中针织被大量使用。她们非常喜欢使用一些特殊的手工艺技术来进行时尚设计，例如，编织工艺与染色技术等，其灵感来自于民间服饰以及传统手工艺等。

设计定位

　　我们所针对的女性很有自己的想法，甚至有点儿自我与固执。她非常崇尚一种粗犷的美，其中不乏丝丝女性的味道。她最喜欢舒适的服装，这给她带来家的感觉。她的风格是在漫不经心中流露出随性的惬意感。

灵感来源
Inspiration

　　博瑟特/肖恩的灵感来自于日常生活，如一些手工艺品，或是一些老的物件儿和传统服饰。我们非常喜欢一些不规则的结构，因此我们的作品中经常将一些景观抽象得零零散散，只保留了些模糊的景象。同时，我们将这种很粗犷的结构配以精致的效果，并运用手工感非常强的肌理同时附以朦胧的图案。我们所喜好的纺织品其质感明显且垂感好，特别是运用一些天然纤维诸如羊毛、棉以及丝的肌理结构，再搭配一些暖色的协调色如黄褐色以及土地色等。

P.126+127_Photography: Stefanie Schweiger. Make-up and hair styling: Bettina Colmsee. Shoe design: Volker Atrops

设计创作
Creation

　　纺织品的设计运用了数码印染方式，一些看似矛盾的地方也是我们乐此不疲进行设计的焦点。在创作中，针织被大量的使用，例如，冬款的提花夹克也是使用针织工艺完成的，运用了较为粗糙的羊毛纱线和棉质材料进行混纺而成。通过不同材料的混合使用，打造出织物表面多组织结构的特点。在这种情况下，我们设计了一款非常宽松的上衣外套，它给人一种温暖备至的感觉，当然也很舒适，同时也提供了一定的活动空间。和它搭配的是一条有弹性且造型骨感的长裤，同样也很舒适。长裤的边缘运用了一块针织布，增加动感的同时也带有一些原创的味道。这款超大的围巾使用了不同的肌理效果，并添加了些红绿色调。

作品风貌 Look

博瑟特/肖恩的设计上无论是面料还是手工艺制作，都营造出了一种超脱自然的感觉。这款制作精良的设计很符合当下时尚潮流，由博瑟特/肖恩设计师组合创作的这件上衣使女性秋冬衣橱大放异彩。上衣的大翻领与围巾披肩相得益彰。值得一提的是鞋子的设计，是由设计师沃尔克·奥特波斯（Volker Atrops）创作。他也是一位著名的艺术家，在最新的系列设计中，他还发布了珠宝设计系列等。

Photography: Philipp Forstner

博格麦·多灵格
Bogomir Doringer
www.bogomirdoringer.com

博格麦·多灵格于1983年出生于塞尔维亚的贝尔格莱德。他在贝尔格莱德大学学习了三年的社会学，专业主攻方向以及兴趣点是有关时尚与社会政治及传媒间错综复杂的关系。战后的一段时间里，社会大众改变了社会价值观，服装开始成为大众们体现社会角色的重要手段。对于这方面细致的观察给予了多灵格在时装设计上更多地时尚想法。他认为通过着装形象的设计可以对他眼中所谓的上流社会进行很好的批判性诠释。21岁时，他前往了阿姆斯特丹，并在阿姆斯特丹的皇家艺术学院获得了视觉传达设计专业的学位。在2009年的威尼斯双年展上，他作为一名来自于塞尔维亚的设计师以服务于品牌Deranged#2的身份参加了展览。在此期间，他采用了电影技术并配合传媒视角批判性分析等的表现手法，使他获得了位于阿姆斯特丹荷兰电影电视学院攻读实践性硕士学位学习的机会。多灵格不断加强其与众不同的创作理念并打造出一种"罗宾汉式的综合体"的表现手法来痛斥一些社会的不公以及向社会的道德底线提出了质疑。在创作中，他很注重与公众的互动，通过时尚这一载体来更好地演绎作为一名多视野艺术家的价值认同和独到的时尚态度。

设计定位

我希望在设计中传递出"她"所赋予的思想理念。如果需要用词汇来定义的话，我觉得真是太局限了，她更像出自于史蒂芬·金（Stephen King）恐怖小说中的人物。准确地说这是我心目中的她，选择颇有神秘感的主题并不是想恐吓观众，其实真正喜欢这一口味的观众们可能也不会在意这些。每个人都是被邀请的对象，每位都可以有自己心目中的定位，而我也不断在作品中打造我所追求的形象。问题在于一些人假装得很漠然，之所以选择服装是因为时尚属于大多数人，大众媒介也非常关注它。在时尚媒体以及流行杂志的长期影响下，多数人逐渐培育出了自己的审美口味。而对于艺术家而言，你可以用你的方式和你所感受得到的意念来理解"她"。

灵感来源

　　在作品Deranged#21的视效装置完成之后，又想到将时尚元素与之融合，并由百分之百的真发做成。当我开始设计这件服装的时候，手稿中所体现的式样来自于头脑风暴时的联想，如同穆斯林女子在公众场合下穿着的蒙住全身且只留出眼睛的长袍。不仅如此，我希望这件服装能模糊人物的性别，并且只用真发来完成整身的设计，如同在毫无瑕疵的纸张上狂野地涂画。另一方面，这个灵感的一部分也源于儿时所读的一篇出自于伊沃·安德里奇的故事小说Aska和Wolf，故事里讲述的是一只名为Aska的小羊羔因为不停地舞蹈而成功避免成为一只狼的口中餐。这也是为什么邀请了芭蕾舞演员安瑞丝·库克（Anreas Kuck）为整个造型设计舞蹈动作的原因。

设计创作

　　当这些想法都有了大概的轮廓之后才着手进行设计。一段视频展示了这样的造型设计——没有明显的性别特征——由一位芭蕾舞者塑造出来，正如同前面提及的那只羊羔Aska，精疲力竭且惊恐不定。在不停的舞蹈中，缠绕在身上的头发不断地呈现出各式造型，直到所期待的着装式样最终停留在我们的面前。因为一直忙于Deranged作品，到现在很遗憾还没有联系艺术家兼设计师艾里斯·范·荷本（Iris van Heipen，一名来自荷兰的艺术家），艾里斯也是使用头发来完成她的设计。她所设计的这个系列也正是我在关注与寻找的系列。一旦确凿，这件富于金属光泽的黑色雕刻般连身服装将由长约两米的头发制作而成。头发的原料来自中国，由于中国局部正受地震的干扰，原料可能要迟一些运到。相信在化妆、舞蹈编排、装束造型等以及其他方面的时间投入，会给我们带来精彩而完美的设计。

作品风貌

　　由舞蹈演员安诺珂·费伊德温切（Anouk Froide-vaux）表演、安瑞丝·库克编排的这段Deranged作品表现大概持续八分钟的时间，表演期间，不断辅助一些连贯的机械的舞蹈动作。其身体在不停的运动与舞蹈中，以至于当动作停顿时，我们才能够感受到真实的服装：包裹在白色身躯外面的发袍。这件着装以一种出奇制胜的艺术视效引领观众们在作品的纷扰与变化中找到每个人独特的感受。

保莱·阿克苏
Bora Aksu

www.boraaksu.com

来自于土耳其并在伦敦创业的保莱·阿克苏（Bora Aksu）于2002年以优异的成绩完成研究生学位的学习，毕业于中央圣马丁艺术学院的服装设计专业。阿克苏的毕业作品秀对于他而言可以说是一个重要的转折点，由于媒体对他的创作给予了相当高的评价，以至于其中一部分作品被设计师品牌Dolce&Gabbana所购买。而最为重要的是，因为这次获奖而得的资金奖项等满足了他开创自建品牌的需要。他针对2003秋冬打造的处女系列作品秀于当年繁忙的伦敦时装周上展出后，CNN高度肯定了阿克苏的潜力，而卫报对他的时装秀给出了这样的赞誉"伦敦时装周秀场表演最佳前五"。在这之后，保莱·阿克苏获得了由英国时尚协会与知名流行品牌Topshop联袂颁发的"最佳新生力设计师"奖项。自从他首次露面以来，阿克苏已经四次获得了此项殊荣。

设计定位

这次所针对的目标是一位即将奔赴舞会的女孩，正在为她的舞裙而酝酿设计。小时候她被人喻为假小子，但她其实很浪漫，同时拥有一丝忧郁与前卫。这是一位个性十足、崇尚唯我独尊设计品位的她。

灵感来源

　　我的灵感捕捉了具有后青少年时尚韵味的风范及细节，并混合了一些犀利的街头哥特风。我希望重新定义什么是"美"，并且打造一种与众不同的时尚触感以及造型之美。对于我而言，美不仅仅是用于定义某事或某物的。当你超越主流文化而去探索一个词汇或一种准则之时，你开始通过一种全新的角度来看待周遭的事物。一旦你花些时间来思考，就会发现美不像你曾经想象的那样难以寻觅或是只能一知半解。通过一些细节甚至是一些微不足道的内容去发现美，它也可以被转换成一种非常明确的特质。我希望在设计中多些抽象的创作，通过某处细节等来传递设计理念，而不是那些显而易见的整体造型部分。本次的设计素材可以追溯到20世纪60年代的服饰结构中具有雕刻感的那些细节造型内容。

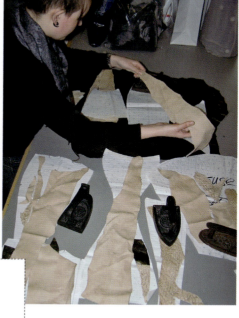

设计创作

　　通过对多种不同技巧的尝试，这次打造的连身裙在式样上采取了旋绕的构造，总体上略呈高级时装的设计风范。亲和力较好且环保的鱼皮材料营造出皮质感极强的表面效果。鱼皮材料来自于本地的一家餐馆，并经巴西的一位渔夫特制而成，是一种极具吸引力与创见性的新型材料。越来越多表现个性的时尚成为潮流的关注点，因此人们总在寻觅与众不同的设计。换一句话说，每个人都在用自己的方式诠释时装设计，因而富于概念性的设计越来越丰富有趣。本人在创作中不太关注流行，我认为时尚流行与潮流趋势等在以前有着重要的地位，而如今的人们更多关心的是他们自己，这也为极富个性化的设计师们开辟了一个新天地。

作品风貌

　　最后这件无袖圆领的连衣裙在裙身上采用了多种面料以及多种肌理设计等组合，打造出一款蘑菇式造型的裙身。这款设计从裙子的腰身处开始精心裁剪，并在臀线处夸大，得以趣味性的造型。裸色系混合了些具有优雅气质的金属色调如铜金色等。被解构了的黑色裤袜以及特异造型的鞋靴营造出一种惬意的、哥特式的格调，也似乎在强调这是一个"不安份"的女孩子。

布莱斯·德安尼思·埃姆
Bryce d'Anicé Aime

www.bryce-danice-aime.com

从很早开始，他就意识到艺术、绘图以及色彩与时尚创意设计息息相关。他十多岁的时候来到伦敦就读于中央圣马丁艺术学院，并由此开启并探索其情感之窗——时尚设计。该学院强烈的时尚氛围不断激发布莱斯的设计构想以及激活其设计才华。在学习期间，布莱斯·德安尼思·埃姆非常欣赏法国设计师蒂埃里·穆勒（Thierry Mugler），并且从他那里获得大量的灵感，这些灵感素材不仅来自于其设计的结果，更有设计师在打造其目标女性身时植入的与众不同的魅力。自毕业以来，埃姆一直钟爱当代建筑艺术并从中汲取灵感，不断挑战其习以为常的创作技巧。他非常崇敬时装设计师品牌YSL和Balenciga，把来自于法国与英伦的时尚 *Vogue* 当作自己在创作时的圣典。埃姆是属于对细节精益求精的那类设计师之一，并将这种感受通过时装转换成一种表现形式。所有这些经历以及来自于家人和朋友的鼓励与谏言，使得这个品牌的发展到达了一个新的高度，2009年11月，以他自己的名字命名的品牌Bryce Aime时装店在伦敦开业了。

设计定位

没有一个女人是百分之百完美的。因此，这个目标略有一些虚构，然而正因为这样也更有意思，这也算是一个很好的开始。她非常时髦并且充满自信，衣着得体且意识感极强。她喜欢标新立异，独树一帜，是否流行对于她而言并不重要。其与众不同的时尚态度使她成为极富有魅力的弄潮儿。这样一个值得赞美的她也成为了设计的创作灵感。

灵感来源

　　"古埃及物学"是我2010秋冬系列设计的主题名称。在复活的古埃及，木乃伊于全新的黑色中进行图案演绎，如酒红与烟灰色的缠绕绑带图形设计。服装上拱形的底摆造型设计参考了古埃及建筑里的门廊和古墓中的灵柩。设计中采纳了长款女装的创意，富于结构感的连身裙以及领部的处理在总体较为柔和的裁剪中略有突显，并配以袜子和针织上衣相辅相成。面料上我选用了轻薄厚重相结合的羊毛、丝制针织物以及富含莱卡的材料。所选择的色彩有无光色系、酒红、深紫、光泽感强的黑色、以及黑白色图案等。服饰边缘上饰以铜黑色的装饰拉链。

伦敦大英博物馆经过防腐药物处理的古埃及木乃伊。

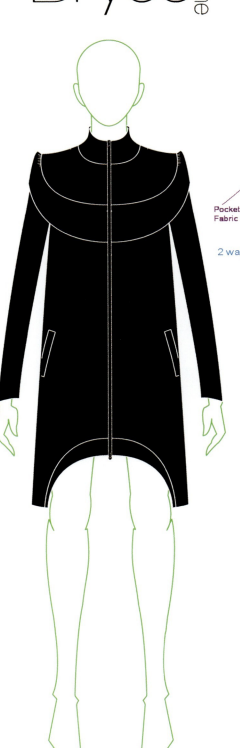

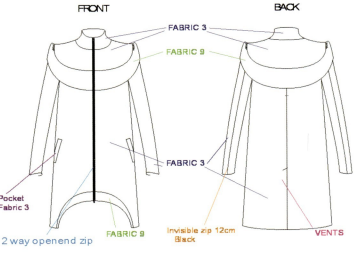

FRONT   BACK

FABRIC 3

FABRIC 9

FABRIC 3

Pocket Fabric 3

2 way openend zip

FABRIC 9

Invisible zip 12cm Black

VENTS

设计创作

　　正如我经常所做的那样，我会比较关注整个设计的精髓所在以及哲学意义等，而这款设计我希望将之定义为"未来风格"。我非常喜欢在设计创作中选用建筑作为我的灵感来源。服装上的设计手法采用了十分平面化的形式，通过有剪裁感的线条以及轮廓造型来塑造这种形象。我认为，服装中的结构应该表现出其利落、简练并富含趣味感的特征。此作品在整体上表达出一种摩登而前卫的设计态度，同时又有极具个性化的简约风范和充满着挑战的商业倾向细节设计。古埃及是这次设计的灵感来源，而设计上还是针对了当下每季的产品需要，来打造总体风貌。在确凿灵感素材等问题之后，似乎我们还需要回答的是：到底她会穿成什么样？我对她的个人风格是有所了解的，而需要猜测的是她的衣橱里到底有些什么样的服装呢？因而需要马上思考的是：针对古埃及的回归，如今它应该被穿成什么样呢？（应该是一款她在多个场合都能穿着的服装。）我们参考的素材在一侧有比较充分的内容展示，但并不表示你在设计中看到的就是这些，除非把它进行演绎。

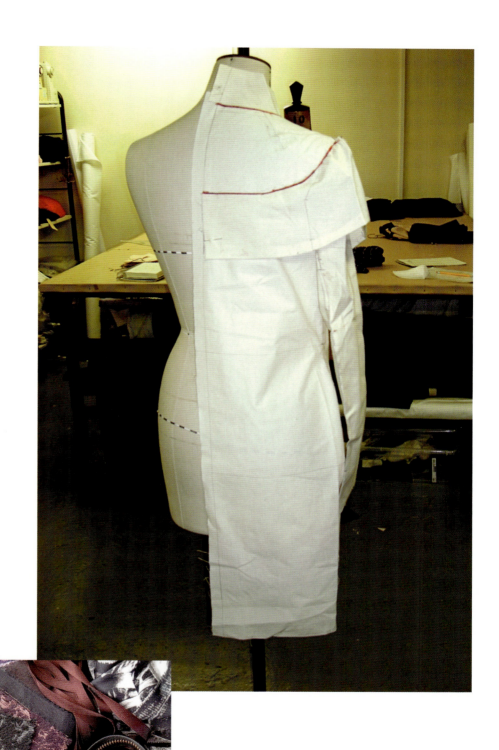

作品风貌

　　这款非常原创且富于幻想的设计，玄妙的紫色既神秘又整体造型感极强，并且充满了想象力。其总体感受还有赖于图案的设计，如采纳了古埃及文明中最具影响力的木乃伊缠绕捆绑形式感的图形。质朴的黑色外套具有双重视效，在有光与无光的色泽中体现出一种不同的质感和肌理。圆领的造型也是参考了古代服装的领型而得。这款精彩的设计反映出布莱斯·埃姆与众不同的设计态度以及精益求精的设计构想。其细致入微的设计非常吻合那些优雅、摩登且富于思想内涵的当代女性。

卡洛斯·多夫拉斯
Carlos Doblas

www.carlosdoblas.com

设计师卡洛斯·多夫拉斯于1987年的12月出生于西班牙的塞维利亚。他很早就表现出了对绘画艺术与时尚的热爱，他选择了位于其家乡的学院攻读艺术学位，并获得了第一个学位。当多夫拉斯在艺术与审美方面奠定了扎实的基础之后，他希望将自己定位在从事时尚方面的设计师并继续发展，于是他前往马德里的艺术与设计学院进行深造。在西班牙的首都马德里学习艺术设计的这几年中，他同时还兼顾给一些设计师品牌做助理，如大卫·德尔芬（David Delfin）。在此，他参与到纽约时装周以及西班牙时装周的设计活动中，并积累了一定的经验。2009年9月，卡洛斯·多夫拉斯有幸以独立设计师的身份亮相于马德里时装周50周年庆典的EL Ego西贝莱斯设计活动中。在2010年2月的时装周上，他继续发表了个人的时装系列设计。如今，我们正期待多夫拉斯以其个人命名的品牌出演第三场时装秀。

设计定位

每当我开始设计的时候，我所定位的这个人在总体感受中，其音容笑貌等身体语言并不是那么的具体，而更多地是思考这个人与众不同的方面。例如，在穿着上她的个人姿态，她的内心想法，她喜欢做些什么，她的个人品位，甚至是她有些些偏执的地方。当然，我希望向公众展示的是时装设计中从裁剪到细节等那些美轮美奂的内容，这也是我考虑得比较多的东西。我不喜欢优柔寡断的人，那些积极主动，有上进心，奋发努力当然也不乏幽默与乐趣的人，是我希望标榜的。

灵感来源

　　我经常以极简主义着手进入设计的历程。在这次的创作中，质朴的造型，中性的自然色以及干净利落的直线条汇合在一起，营造出了曾经于1990年代流行过的一种简约主义风格的设计。灵感来源无处不在，可能来源于一种感受或是一些具体的物件，例如，家居、建筑等。通常，我会在基本上完善了设计以后再来审视我所运用和开拓的素材。设计有时是一触即发的。我使用了能够给服装的设计带来多种可能性的羊毛织物，这次在使用该织物时非常的小心翼翼并欲将它打造得毫无瑕疵，并且可用于裁剪类的服装设计。由于羊毛具备了一定的弹性，所以可以塑造出松紧适宜的服装款式。以府绸材料为里子面料，不仅让穿着者感觉很舒服，同时也增加了外套的结构造型感。我认为，服装用料对最终的设计效果功不可没。色彩上，我选择了无色系的中性色，它灵性温暖而轻盈，当然也有更多的寓意，如将肤色的特征展露无遗。这种极为雅致的肤色会给你非常深刻的感受。视错上的多元感知有时给服装带来的感想也许是孰始何终？采用黑色是希望大家在不张扬之中体会到对比分明的设计态度。最终的设计在忧患与探索中达成共识。

设计创作

　　个人认为设计手稿非常重要，通过它可以和我的团队充分地沟通交流，同时以此为参照使我们在最终的创作结果里尽可能接近于最初设计中的造型以及面料等想法。我的绘图更像是时装画，而不仅仅是设计手稿，因为我认为这种绘画可以承载更多的设计细节以及造型变化。当然，和技师专业人士等合作也是非常必要的，这样精准地完善服装上的测量、裁剪以及诸如褶线等处理工作，可以弥补我在徒手绘制的时装画中被忽略的设计细节。此外套通过双层交叠而成，第一层以腰线为准，第二层从里延伸而止于臀围线处。裤装中缝线处饰以约2毫米宽的装饰缉线以拉长整体感并带来一些不同的效果。对比富于动感的外套和极具简练之风的长裤，焦点应该是在上衣设计上。上衣的廓型极好地满足女性身材的需要，而不是过于造型化的处理。胯部的中位设计恰到好处。袖子选用了较为流行的七分袖长度。

作品风貌

　　卡洛斯·多夫拉斯呈现了一款非常清新、富有活力与动感的设计。颜色很有亲和力并且适用于一天中不同时段的穿着。比较随性的黑色抹胸惬意十足。这款设计适合多个年龄段的女性，也可以和白衬衫或平底鞋等组合出不一样的造型。这款独具吸引力的摩登套装同样也非常舒适。其具有的中性色彩不仅适合多种肤色，同时还更好地展示出女性不同肤色的魅力。

刘桓
Chris Liu

www.chrisliulondon.com

在1990年，刘桓就读于新西兰的奥克兰理工大学。毕业后，在一家名为Sabatini的针织品牌做了4年的设计师工作。之后前往伦敦，就职于Burberry Prorsum品牌公司，师从于Burberry的创意总监克里斯托弗·贝利（Christopher Bailey）。2003年，刘桓以优异的成绩毕业于伦敦时装学院服装设计与工程专业，获得硕士学位。基于伦敦发展机构的资金资助，同年他开创了自己的服装品牌Huan by Chris Liu，并于8月在伦敦的市政厅举办了该品牌的时装秀。此次秀展大受好评，其作品也被抢购一时，购买者有英国的老字号百货店伦敦的Harvey Nichols和Joseph以及来自巴黎的Maria Luisa。一些名流影星等也非常喜欢他的设计，如香港影星张曼玉、舒淇、杨紫琼，时尚总编张宇，著名女歌手萨德（Sade）、杰米利亚（Jamelia）等。2005年，他离开了原有的品牌公司并开创了自己的品牌Chris Liu。2009年，他的名字被列入了大本钟奖英国十大杰出华人候选人青年名单内，并最终入选英国商业大奖名列。刘桓也成为伦敦时装学院的访问学者讲师。

设计定位

布丽塔·伯格，作为一名形象设计师，她不需要太多的服饰语言来诠释，取代之的是增加一些奢华的质感即可。她比较钟爱的服装是那些语不惊人誓不休的一类设计，因为在不需要任何装饰的情况下，可以很快找到她的着装风格。布丽塔认为她可以随手从地板上捡到一件有些做旧的白T恤衫来作为她的高级女装。布丽塔的时尚态度——时尚是有关你如何进行穿着而不是你穿了什么。

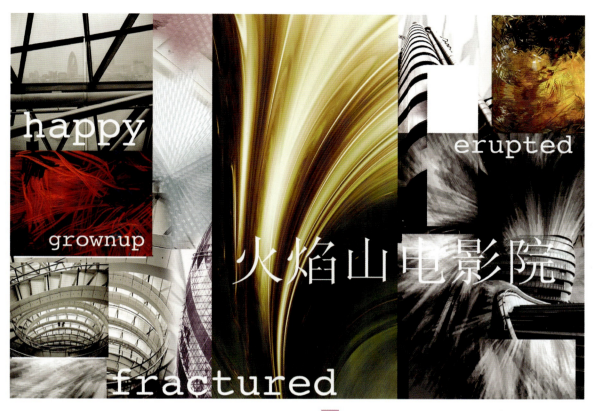

happy

grownup

erupted

火焰山电影院

fractured

灵感来源

　　当星际迷航遇上了传奇中的纳尼亚——一个即将喷发的城市、火山岩浆、支离破碎的景观以及不断被毁的建筑等。你需要坚强，因为这不是在梦中。在我的系列设计中，我一直非常热衷于给这样一些成熟与自信十足的女性设计服装。她们乐于享受生活以及关注一些细节，当然这些也是激励她们成长的重要因素。她们知道自己需要什么，并懂得如何进行着装比了解服装式样更为重要。有时，一种信心十足的姿态也会很性感。面料上，我选用了被肢解的合成塑胶材料，高亢的橙色以及不安的红色代表了来自火焰山的强悍与热情。

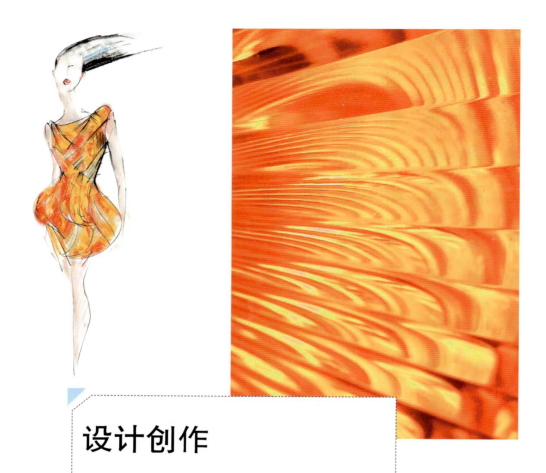

设计创作

　　通过对草稿大概的绘制，脑海中设计构想慢慢地呈现出来，同时不断深入地对创作素材的理解，如布丽塔所偏好的以及她对时装如何富于激情的演绎等内容。效果图中描述的这款设计是适用于正式场合穿着的连衣裙，选用的是塑胶材料，颜色为高调的红和黄，如同从火山中喷发的岩浆。这是一项煞费苦心的工作，需要大量的投入将塑胶材料切割成一片片不同的造型，同时在叠加以及附合固定这些较为透明的材料时，要注意其光泽感以及其错综复杂的视效。

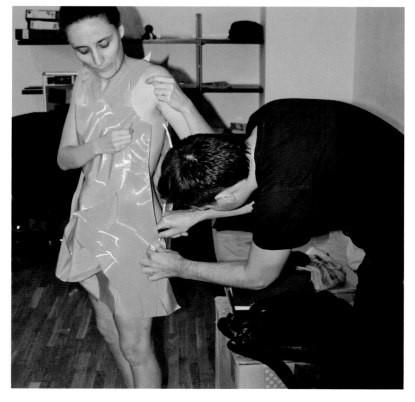

作品风貌

　　布丽塔看上去富有幻想、风趣十足，并且非常自然，正如同她自己想要的那样自然而然。这款经过精心制作的橙色连身裙看上去错综复杂，穿上非常舒适。此款性格丰富的裙装适合很多场合，同时也是一款非常独到的设计。此外，尽管这是一件个性十足的连衣裙，而有时如同变色龙般让人感觉它的存在不那么突兀，但的确又是一款引人注目的设计。通过这种方式，发现她心中的火焰。左边的这一款，采用的面料是白色丝绒，在白色弹性材料的辅助下形成最终效果。

克里斯汀·万洛斯
Christian Wijnants

www.christianwijnants.be

　　万洛斯于1977年出生于比利时的布鲁塞尔，1996年前往安特卫普皇家艺术学院学习时装设计。2000年毕业之后，获得了在法国耶尔举行的国际时装与摄影大赛Grand Prix奖项，同时开始在一些时装店销售自己的服装系列，如位于巴黎的克莱特时装店、伦敦的Pineal Eye店等。在安特卫普成为德赖斯·范·诺顿（Dries Van Noten）和在巴黎作为设计师品牌安祖鲁·特拉兹（Angelo Tarlazzi）的助理设计之后，于2003年他发布了以自己品牌命名的时装系列，获得了一些好评与认可。2005年取得瑞士纺织大奖，2006年获得了由伊夫·圣·洛朗基金会资助的ANDAM大奖。时下，万洛斯参与到了巴黎时装周一年两次的时装系列秀展中。他设计的服装在比利时生产后于遍及世界各地的专卖店进行销售。克里斯汀·万洛斯自2005年以来，一直任教于安特卫普皇家科学院。

设计定位

　　每当看到那些我所欣赏并尊重且极具时尚个性的女人在购买并穿着我的设计时，我由衷地感到欣慰。其实，在设计创作时，我并没有一个标准的顾客目标或是心中的缪斯。作为一名设计师，我的职责是给女性们提供一种穿着上的建议，并帮助她们演绎成自己想要的效果。我很欣赏那些不盲目听从他人而有自己的时尚主张的女性们。

Photography: Camille Vivier

灵感来源

　　本次的设计灵感来自于一本书，其中描绘的是法籍日本艺术家藤田嗣治。我非常喜欢他创作的作品中所包涵的兼具东西方文化艺术魅力且交融并举的内容。在本次设计中，面料的肌理和质感灵感来自于他的作品和他最喜欢的猫咪。我希望打造一种介于皮草与羽毛之间，类似某种动物且较为轻柔的材质。由此，选择了欧根丝、印花雪纺丝、采纳亚麻和丝并用的网眼花边织物、层叠条纹欧根纱、手工打磨的多层乔其纱以及雪纺材料等。将不同的材料交融并用是这次设计的特点，双层乔其纱与提花针织结合猫毛材料，同时并用的还有嵌花针织物，其中混合了精制的棉和重磅亚麻材料。色彩清新而有微妙的组合，如干邑色、原色哔叽、鼹灰以及煤黑等，其中不乏被强调了的黄色。

设计创作

创作中，我将丝绸做了一些处理用以模仿不同的肌理材料，如猫头鹰的羽毛以及猫的柔和毛质材料，当然也运用了一些掩饰手法等以获得别样的视效。每一应用都经历了手工精工细作的过程。首先是丝质品，被剪切成一片一片后做旧处理，之后进行折叠与打褶，同时合并在一起以达到我想要的效果。正如同这些照片所示，在服装上作标记以寻找最恰如其分的应用。当服装造型接近尾声时，请来萨布丽娜试穿，进行细节上的调整与修正。

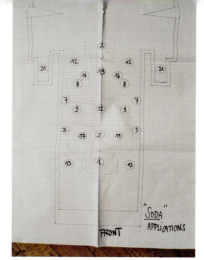

Page 165 Photography: Camille Vivier. Model: Anouk Lepere

作品风貌

　　裙装的造型很随性且无法用言语来描述。通过整体的线形、色彩的运用以及材质的混合等传递出时装设计的精髓所在，诗意与神秘感萦绕其中。这里展示的是2010春夏系列设计，使用磨损做旧手段处理条纹丝绸而得的透层丝巾，模仿了猫头鹰羽毛的肌理。设计里所涵盖的是一种温馨氛围。并通过与摄影师卡米耶·维维尔（Camille Vivier）的通力合作，力求完美地表达总体设计。

蒂丝·卡耶克
Dice Kayek
www.dicekayek.com

　　艾思杰出生在土耳其的布尔萨，她选择了巴黎这座城市攻读服装设计并决定在此安家。1992年，在她的处女秀系列作品中，发表了13款运用府绸制作的衬衫。在取得显著的成功之后，在其姐妹埃丝的帮助下，她开始发布名为Dice Kayek的成衣系列，并一直由埃丝管理该品牌的一些事宜。她选择位于巴黎的阿拉伯时尚学院来展示其首次发布的作品，设计的灵感来源于阿拉伯的一千零一夜。该作品在时装业界获得了好评。如今，艾思杰经常往返于巴黎和伊斯坦布尔之间，由此也将自己的精力分配给了不同的商标，如黑色商标和粉色商标。她的服装作品里既有现代风又不失浪漫的时尚风格，备受一些名流的青睐，如卡梅隆·迪亚兹、乌玛·瑟曼以及黛安·克鲁格。黑色商标的设计由她亲自掌管并在巴黎的工作室精工细作而成，该系列极富高级时装之设计细节特征，并且得以优良的制作而完善。其二线品牌粉色商标于土耳其生产加工完成，设计风格充满了清新的都市韵味以及女人味。艾思杰时下被誉为较领先的土耳其时尚形象大使。

设计定位

　　"给那些具有明星般气质的女孩们吧"，艾思杰笑着解释道。她是一位极具现代气质并非常有女人味的女性，她喜欢利落而干净的线条与裁剪，同时也非常喜欢充满着变化的服饰面料。

灵感来源

　　在设计创作时，建筑对我的影响非常大，特别是拜占庭风格的建筑。通过这款服装上折折叠叠的造型线设计展示了举世闻名具有土耳其风格的标志性建筑——索菲亚大教堂其穹顶与众不同的线型美。选择真丝皱材料是因为它不仅具备了丝绸的优雅，同时还非常有骨感而利于造型，不仅较为容易来打造服装的线形细节，同时还不失服装结构上的立体感。富于微妙变化且中性韵味十足的裸色是我的首选。

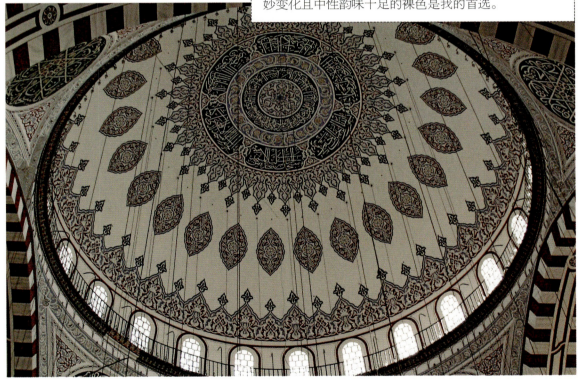

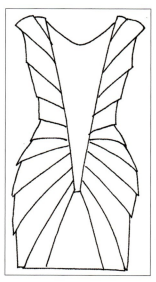

设计创作

　　在这款设计中，我选择了较为复杂的空间结构和多样的褶裥线条来体现索菲亚大教堂其雄伟壮观的穹顶造型。褶裥线的设计以腰部为中心而展开，这样可以拉长整体廓型并且将位于肩部与臀部的主体部位进行视觉上的重新演绎。这款设计在创作中选用了比较传统的制作技巧，通过对合缝处的线形做细致入微地处理，并且采用手工制作的方式一片片组合而成。当你在完善具有立体感的服装造型时，用平面裁剪的方式很难获得精准的效果。因此，本次创作一直使用人台进行立体裁剪并做到一片一片地完善，同时在制作中不断审视其视效能否真实反映我最初希望达到的设计构想。

作品风貌

　　此款设计通过具有建筑雕刻般的规律线条与富于浪漫氛围的时尚造型融汇成一种较为错综复杂的设计风貌。裸色是当下非常流行的一种色彩，并随之而带来了无尽的优雅与细腻，这种感受通过真丝皱面料中所具有的柔和且中性的色泽反映得更加惟妙惟肖。鞋子的颜色与服装一致，能够强调这种中性且精致的时尚气质。艾思杰通过这款服装演绎了她对建筑造型的独到理解，以及表达了其对非同凡响的设计造型具备的高度热情。她把极具女人味的女性打扮得更有味道。

迭戈·比奈蒂
Diego Binetti

www.ilovebinetti.com

出生于阿根廷布宜诺萨利斯的迭戈·比奈蒂，最早接触服装是在他7岁时，帮他的母亲为客户完成一款长袍的装饰以及刺绣的工作，由此对服装产生了的热情。15岁时，进入阿根廷的多纳托·德尔加多学院学习服装设计。后来全家举迁到弗罗里达之后，他选择了迈阿密国际艺术与设计大学继续深造，并于1991年获得学位。之后他来到意大利米兰，在安东尼奥·博多纳托（Antonio Bordonaro）处做设计助理，先后给时装屋Bulgari和Paola Franni做设计。期间，他选择了意大利的马戈兰尼学院继续学习。在他24岁时来到纽约，一年之后成为品牌Jill Stuart的设计师，并做了5年之久。2001年，他创立了自己的品牌Binetti，2008年，他发布了自己的支线品牌I Love Binette。第一个品牌定位在高级时装设计，针对的女性是全世界富豪或精英一族。第二个品牌针对的是充满了生活乐趣、摩登而时尚的女性。

设计定位

我的目标混合了人类两种不同性别的美。男性和女性都有各自的时尚态度与表现风貌，可以说整个的设计过程就是不断地展现这种超乎寻常且非常自信的美。最终这个人物在时尚社会里展示了对自由表现的至上追求，同时还具有善于改变并混合了多元内容的设计风貌。

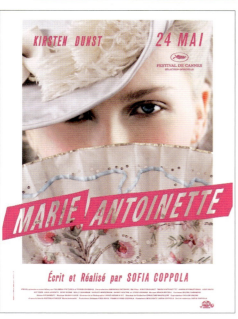

灵感来源

　　具有浪漫主义气息的哥特式朋克设计，她如此着装并与玛丽·安托瓦内特皇后（法国路易十六国王的妻子）以及她们的同僚们一起盛装饮用下午茶。玛丽皇后炫丽辉煌的服饰里运用了大量精美的宝石以及刺绣等进行装饰，打造出具有朋克精神的哥特式设计。她那种独立而无畏且激进前卫的穿着态度一览无遗。玛丽皇后将我们带入一个超现实的境界：在这里无论是着装或是社会等级都有些失控，男性、女性都运用紧身衣来展示并强调其腰线的美，精致而繁复的发型成为街头巷尾议论的话题，粉饰过的面妆将其进行了伪装。我选用的面料有色丁以及丝绸腰带、多层重叠穿着的丝质流苏花边，以及使用金属、硬壳反光镜片细节、多质纽扣等，以求打造出与众不同的装饰效果。色彩为多重韵味的黑。

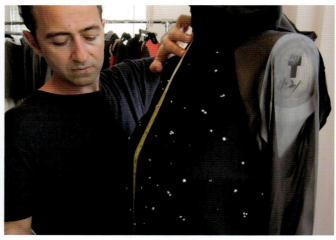

设计创作

　　款式从肩头至裙摆通过精心裁剪与制作而成为非常合体的整体造型，内部的紧身衣起到收合的作用，如同我在设计目标中提及的雌雄同体。悬垂下来的部分采用的是圆形裁剪，并获得了一种非常流畅的缝合效果：无处不在的细节不断加强其富丽堂皇的视效。长袍是通过立体裁剪而得，营造出一丝丝高级手工定制的贵族气息。这款紧身长裙非常吻合时尚工业时代的风格。我一直致力于对服装细节的探索并由此获得更多优雅极致的设计。对于服装中的线条以及廓型的流畅与否、穿着后的最终效果如何等等是在设计时需要重点考虑的方面。

作品风貌

　　最终的设计是由多个部分组合而成。服装的上半部分即是由不同的附加层打造的，如肩部到手臂部分采用轻薄而透明的材料，给予一种神秘而性感的意味。从领部起始的一些金属装饰细节以及用反光镜面材料设计的腰带等较为错综复杂的设计彰显出时尚造型中的一种享乐主义美，其中不乏受哥特艺术的影响。宽松的长裤配以齐脚踝的长靴在带来些舒适感受之时，也起到加强整体风貌的作用。

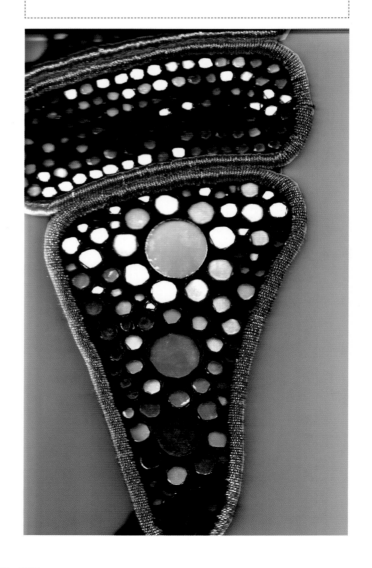

得洛丽丝·佩雷斯
Dolores Pérez

www.mygrandmotherssofa.com

得洛丽丝·佩雷斯于1981年出生于阿根廷。她非常喜欢艺术与时尚设计，因此选择了布宜诺斯艾利斯大学开始了她的服装设计求学之路。2002年她来到巴塞罗那进一步深造，参加了绘画以及面料印制等课程的学习，并先后和一些设计公司有过合作。在接下来的7年里，她个人的能力以及所经历的专业培训给予她一定的平台而开创了自己的设计品牌，2009年，作为首席设计的她引领的My Grandmother's Sofa品牌问世。她使用一些再生纤维织物创作出一片片不可重复的一次性设计以及相关设计元素等将我们带回到了另一个时代，另外其设计中不乏现代感与原创性。在她的设计系列里讲述了一些和家人或亲友有关的故事，使我们沉浸在非常温馨且梦幻般的氛围中。她喜欢用自己的方式来演绎那些随时间推移而变换了的东西，一些创作素材来自于过往，而设计的表达却赋予了这些素材其生命的继续。

设计定位

尽管有时我喜欢将目标女性想象成真实而自然，且对自己的穿着非常有主见，知道希望要什么的那一类女性，但实际上我这里并没有很明确的目标女孩。她富于浪漫而甜美且略带复杂的时尚风范，充满了自然的气息，同时也是一位非常自信的女性。总体上女人味儿十足的她，认为服装是一重要的语言传递其多方面的感受。

页码178+179　摄影：Uauh, www.uauh.es

灵感来源

　　个人觉得自己的周围有无数的灵感来源，比如在发掘一张有意思的图片或是探索一个新的文化艺术时所产生的感想等，都可以成为素材的来源。这个设计可以追溯到30多年前自家位于阿根廷的家庭旅馆里一些物件儿以及布料等。棉织物是一些二次使用的窗帘布、印花床罩、被单等，混合了一些用于室内装饰的布料以及不同肌理的黏胶纤维织物。色彩主要由大地色组合而成，其中不乏暗红色、金色、绿色以及蓝色。对比明显的闪光效果处理在色泽上也很有特点。

摄影：Uauh, www.uauh.es

页码180+181

设计创作

　　一些在父亲开设的旅店里被他保留下来的旧床罩不时引起我的关注，并且希望将之用于我的设计当中。这些床罩印证了各位旅行者们在此处停留时不同的游历体验。我将这些物件带到了巴塞罗那，同时也带去了父亲留给我的一些记忆与形象，这些也成为了我在创作时重要的素材来源。

　　时装效果图中体现的时装设计非常女人味儿，合身的造型、收紧的腰部以及略被强调的肩部，当然肩部是不加垫肩的。服装上部的图案来自于传统的手工织物，通过置于印染图案之上叠层而得，略带一些戏剧性，优雅而富于巴洛克风尚。每一片都有自己的故事，因而显得与众不同，我希望通过一种和谐对称的手法，精准地体现布料的对比感，从而获得最终的设计效果。

作品风貌

得洛丽丝的设计营造出一种王子与公主梦幻般的时尚境界。具有柔和光泽感的绿色与色调干净的白色印花相辅相成，配以大翻领及装饰扣，略带一丝军装的风范和维多利亚时期的怀旧风情，整个设计将我们带到了另一个时代。炫蓝色的裤袜搭配肉色齐脚踝鞋靴，增加了些迷幻的都市色彩。

页码182+183　摄影：圣地亚格·戈雷罗（Santiago Guerrero）

埃琳娜·马丁—马丁·拉莫斯
Elena Martín — Martin Lamothe

www.martinlamothe.es

马丁·拉莫斯（Martin Lamothe）是由一位1978年出生于巴塞罗那的埃琳娜·马丁（Elena Martin）创立的男、女装成衣品牌。服装与建筑设计是她自儿时起最感兴趣的两件事。她毕业于西班牙巴塞罗那著名的温彻斯特艺术学院，之后在同城以及南安普顿艺术学院完成了艺术史的学习，并以优异的成绩毕业。20岁时，埃琳娜开始在伦敦中央圣马丁艺术学院攻读服装设计的学位，在此期间，她在服装结构造型和印染方面已经有了一些独特的见解。很快，她在学生时代的首个系列于期刊杂志*Self Service*以及*International Textile*发表并给大家留下了深刻的印象。毕业后，她继续跟着亚历山大·麦昆、薇薇安·韦斯特伍德、罗伯特·卡蕾·威廉姆斯等设计师积累大量的工作经验。2006年，埃琳娜·马丁启动了她的女装品牌"马丁·拉莫斯"，2007年时该品牌的风格变得更为中性。马丁·拉莫斯的设计融合了新的造型与理念，并带有浓厚的英国气质。该品牌的服装设计包涵了印染、贴花组合与刺绣、建筑构造式样等特点。

设计定位

我心目中的她有梦想，爱想象，喜欢意想不到的事物以及被惊喜感动。她看起来很前卫，有冒险精神，受过良好的教育，并且很浪漫。她拥有在艺术、文化、流行以及民俗音乐等方面的品位同时表现出其强有力的天分。对美的超级感性与领悟是她最优秀的品质之一，在此，20世纪70年代法国的女影星伊莎贝尔·于佩尔正是她的真实写照。

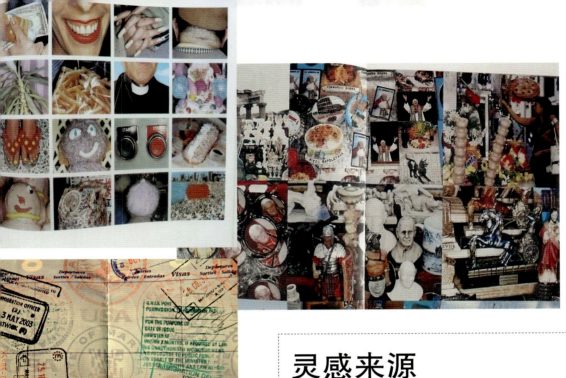

灵感来源

　　托马斯·兰森，艺术总监；维克多·卡斯特兰，迪奥的珠宝创意总监；夏洛特·坎普米尔赫，缪斯女神；西恩·列侬，音乐家；科洛塞维尼，女演员。这些名单所带来的一群杰出人物的风范非常吻合我希望塑造的理想形象。正如意大利艺术家弗朗亚斯科·维佐里（Francesco Vezzoli）在Self Service 2010春夏的发行物中如是说："名流们都是同时代神话当中不朽的神"。这些就如同几百年前的圣者与画匠们仿佛在告诉我那些艺术中最自然和真实的东西是什么。无论如何，他们不是神只是人。就这点而论，他们随着旅途把自己作为普通人和家人一起分享了这些经验。他们不断地在旅途以及一些活动中去感受，但他们也需要每天的日常穿衣着装，因此他们需要一种多用途并且比较前卫的服装。2010春夏的度假系列非常吻合他们的要求。灵感来源于20世纪70年代的一次华丽摇滚的巡游风暴，这个系列展现了当下人们对渡假、旅行者、探索者的一种比较普遍而流行的认知，当然同时也非常的大胆与浪漫。马丁·拉莫斯品牌一贯坚持地在多彩流行色中强调一丝雅致的风范，在此很好地表现在上衣、船型领以及颜色的组合搭配中，略有些严肃的色调如海军深蓝和米色也很出彩。

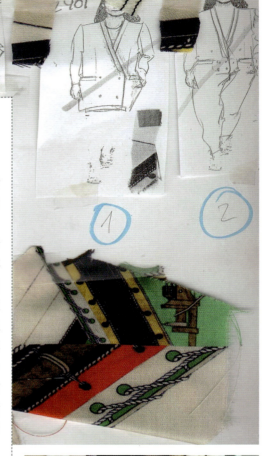

设计创作

　　设计本质上需要运用一些不同时代的新旧混合物来描绘。这次的创作中运用了线绳、棉布以及一些精美的手工，同时还有一些动感的、摩登的细节等。整体设计受到民俗风的影响，用一种全新的方式诠释了经典的外形；在颜色方面，使用了一些积极而纯粹的原色，反映出人们的真实所在以及向往，而这些也驱使着人们不断去追求，当然也创作出属于他们的颜色。面料从最普通的、最流行的到最精致的以及最粗糙的。我们从波尔卡点状的纤维胶、棉府绸、印花薄羊毛料以及肉色欧根纱等材料的混合使用中寻找到一种非常轻柔而滑爽的犹如意大利皱绸丝特征的特殊材料。现在我们所呈现的作品是由两件衣服组成的套装，我们打造出了一种在抽象感十足的设计中蕴藏着些许复古感觉的印花面料。

作品风貌

  本作品由两件看起来中规中矩的宽松经典夹克外套和短裙组成。特点在于复古味道浓烈的几何印花图案。双排扣的夹克为三粒纽扣，并配以两个翻盖口袋以增强一种巡游风的感觉。这套服装是按照比较流行的英伦风而裁剪制作的。优雅、成熟并带有些中性风范，是马丁·拉莫斯在她的定位中一直灌输并坚持的原则。与较为简单的配件如黑色高跟鞋搭配在一起的套装组合，即实穿又别致。作品适合非常多的场合，当然也是这些场合中最理想的选择。

法玛·爱沃尔
Fam Irvoll
www.famirvoll.com

　　法玛·爱沃尔出生并成长于挪威的奥斯陆。2005年，她毕业于法国ESMOD国际服装设计学院，随后于2008年在英国伦敦的中央圣马丁艺术设计学院（Central Saint Martins）完成学业。之后，她为许多设计师担任过助理，如维维安·韦斯特伍德、加勒斯·普和挪威设计师彼得·罗彻斯特。她标志性的设计风格，如明亮的色彩、3D立体廓型和卡通元素等，在她第一个系列设计中就已显露无遗。法玛·爱沃尔的灵感来源于爱丽丝梦游仙境、卡通、玩具、五颜六色的食物如蛋糕和糖果等。就对织物的选用，如亮片、珠饰和3D立体编织物的使用上来说，她的设计风格是另类的、积极的、色彩绚烂和令人兴奋的。法玛·爱沃尔参加了2006至2009年奥斯陆时装周秀，2007年的伦敦另类时装周，同年的伦敦天桥时装赛以及2008年里加（拉脱维亚共和国首都）时装周的北欧风貌秀。2010年她获得了挪威年度创意设计师的大奖。

设计定位

　　我的目标女性顾客多是靓丽多彩，富有创造力，怪诞有趣的女孩。她们是那些非常乐于跟朋友外出玩乐的都市女孩。

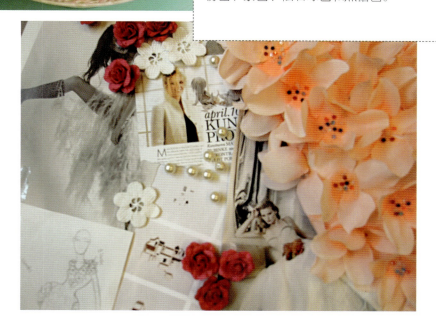

灵感来源

　　我的灵感大多来源于电影，如《爱丽丝梦游仙境》、《小飞侠彼德·潘》，或者是孩子们的想法以及玩具、卡通、食物、蛋糕和糖果。3D和卡通人物的着装对我的设计灵感影响颇深。针对这一次的设计我将选用更柔软，更富有浪漫触感的一些元素如柔和的粉画色彩、丝绸花边、3D的立体鲜花亮片和珠子等，并将这些元素与灵感结合在一起进行表现。关于面料，我选用了印度丝绸蕾丝、手工鲜花亮片、珠饰、真丝针织物以及棉布。颜色则选用了裸色、紫罗兰、粉色、紫色、松石绿色和焦糖色。

设计创作

　　我的设计过程始于一边听音乐，一边在人台上工作。甚至我的走秀音乐都是来自于开始进行设计工作时那会儿的感受。随后我确定设计的主题以及为整个系列命名。在此之后，我会试着确定色彩组合并选购面料。最后，我再开始画效果图，并尝试在人台上做出样衣来。我喜欢运用3D立体的元素，但这的确需要我投入很多的时间来确保时装的可穿性。在这里我使用了制作精美的手工花朵和珍珠，以确保对于穿着者而言，最终缝纫成品的效果不仅能够达到愉悦的视觉感受，同时具备舒适的穿着体验。

作品风貌

　　最终完成的服装作品很有趣，以鲜艳的色调为主，搭配柔和的色彩，就像印度丝绸裙上呈现的色彩一样。而具有对比性的面料中也会呈现出不同纹理，如丝绸和棉。设计师运用3D立体的画面感打造了一种独特的风格，即从裙子到帽子都装饰有卷型或浮雕型的珍珠等配饰，形成了一种趣味化的服装设计。你可以单从模特的发色，浓烈的妆面以及她们的微笑，就能准确地判断出是法玛·爱沃尔的风格，同时也可以立刻感受到她精彩的现实生活世界。

摄影：朱莉叶・格罗西

弗朗求斯
Franzius
www.franzius.eu

在柏林度过了怡和欢畅的童年之后，斯蒂芬妮・弗朗求斯来到纽约开始她的时尚之旅，并先后就职于知名的时装公司，如维特汀尼（Adrienne Vittadini）和安妮・克莱恩（Anne Klein）公司。当她返回柏林时，她选择了科技应用大学深造服装设计。在给位于米兰的一家公司Robert Inestroza工作一段时间之后，前往荷兰的阿纳姆时尚艺术学院完成了硕士学位的学习。2003年硕士学位的时装秀展于巴黎高级时装周进行，不仅标志着其获得的学习成就，同时也预示着自己品牌的创立。在作为Viktor&Rolf的设计助理完成了2003～2004秋冬系列以及给电影明星蒂尔达・斯文顿的设计之后，斯蒂芬妮回到柏林开始打造自己的时尚风格，并成为一些品牌的独立设计师和造型师，同时也期待给一些不同的大学出任教学工作。弗朗求斯品牌融汇了很多种风格。目前，她的设计系列分别于柏林、巴黎、哥本哈根、首尔、纽约以及东京等国际贸易博览会上展出。

设计定位

她引人注目，非常自信，同时又优雅极致。她是帕丽斯・希尔顿，而不是别人！在此，讲一讲帕丽斯・希尔顿是如何成为我的目标女孩的。斯蒂芬妮・弗朗求斯和她的团队希望在帕丽斯即将到访柏林之际，为他们的设计作品拍摄一组照片，也正值该团队为2008～2009年秋冬系列的发布做面料设计以及裁剪之际。此系列选用了轻薄有型且非常贴体性感的材料，通常是用在滑冰者专有服装上的一种面料，当然也非常适合具有典型美国时尚风格的女孩及模特们。因为这样一次合作的机会所产生的灵感，以至于弗朗求斯团队专门给这位酒店富贾传人设计了一款流畅、性感、低颈露肩且闪烁着光芒的长裙。在拍照的时候，帕丽斯非常喜欢这件优雅而富于创意的长裙，很快便买了下来并穿在身上。

灵感来源

　　她会喜欢什么样的服装？这是斯蒂芬妮·弗朗求斯团队在给帕丽斯·希尔顿用于摄影的服装进行设计与造型时一直在思索的问题。她们希望通过营造一种优雅、靓丽且奢华而性感的气质来描述这位在众目聚焦之下长大的女孩帕丽斯，而整体设计上没有那么多娇娆的细节来分散这种气质。设计师弗朗求斯认为，给帕丽斯的设计与拍摄等作品里应该充分展示其富于魅惑与性感的特质，但同时又富含酷劲十足的丰富情趣。此款设计针对的是这样一位对自己的体貌超级自信且性感满满的女性，如美人鱼——她迷人、有趣、吸引人而不太容易被捕获到，在闪烁其辞的浪漫中游荡。由此，这款服装的面料应该富于光泽但比较低调，色调中流露出冰冷而艳丽的光泽，酷劲十足但又柔情万分。色彩上汲取了鳞光闪闪的银灰鱼皮色那种润泽感极强的金属色风貌，其表面质感迅捷而流畅。

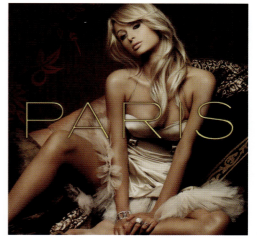

设计创作

　　前后两片都是低领露肩的设计，其整体造型为极地长裙，收腰处理营造出性感十足的曲线造型。斯蒂芬妮·弗朗求斯一般在时装设计与制作的初始阶段会在人台上使用较为优质的材料做尝试，通过悬垂与披挂的方式尽量体现服装自然形成的线条，而不是通过裁剪和切割获得的线条，这样使得整体廓型也非常流畅，裁片也极为简练。弗朗求斯在设计时非常喜欢从直觉中寻找突破，有时又会选择一种折衷的姿态来完善，总之，她的设计手法不是单一而是多样的。其最核心的手段是在矛盾中得以答案：当温柔与强势相遇，当休闲而惬意的姿态与经典的女性优雅元素相碰撞。将这些不同能量的正负极有所碰撞，此款设计所反映出斯蒂芬妮·弗朗求斯的设计风格：不故作夸张与炫耀，温文尔雅且前卫时尚。

摄影：派特·吐勒

摄影：派特·吐勒

摄影：派特·吐勒

作品风貌

　　最后的服装完整地展示出了极富斯蒂芬妮·弗朗求斯设计特色的作品风貌：极致优雅且细腻多变。领线处一直到前襟的裁剪极力突出胸部的造型美，正如在设计目标中所强调的那种美。在这张图像中，帕丽斯·希尔顿配上手镯与项链面带微笑地完成了整体造型。右图以模特着装姿态出现在设计手册中。

页码200　摄影：迈克尔·伯杰
页码201　摄影：威碧卡·博斯

FXDXV

www.fxdxv.com

　　FXDXV是由来自北欧斯堪地纳维亚的两位设计师菲琳娜·德威达和吉姆·加戈共同打造的一个设计概念及品牌名称，其中每一个设计理念都是基于当下人们的所思所想以及正在发生的事件为创作源泉。菲琳娜毕业于伦敦北部的密得萨斯大学（Middlesex University），并参加了2002年的伦敦毕业设计时装周展览。2006年的冬天，菲琳娜和吉姆（设计师兼摄影师）一起创立了FXDXV，并于2007年1月的柏林时装秀中崭露头角。由此，他们设计的服装一直被以下一些机构及商场所关注并备有存货：巴黎老佛爷百货公司、柏林的BestShop商店、巴塞罗那的Doshiburi店、伊比扎的A Substitute for Love店以及东京的Delta店等。2009年的夏天，FXDXV展开了一个名为I Love Tibet（我热爱西藏）的项目，内容是帮助那些流放到印度卡纳塔克邦的藏族孩子们完成学业和支持对他们的教育，使他们将来能够成为僧者等。菲琳娜和吉姆的共同目标是将现实生活中人们对生存环境的总体意识与设计相结合。2010年FXDXV发布了一组纯天然化妆品系列，名为Night by FXDXV，这是一组无化学配方的护肤系列产品。

设计定位

　　我们的设计目标有着不太确定的身份性别，不受约束，向往自由，对美的表现总是能够做到恰如其分，并且非常敢于表现自我，同时不拘一格。他们对自己的生存方式与姿态非常重视，并且活力十足。

灵感来源

　　我想表达出来的是一种随性的优雅。由于我们的生活因为各种影响而丰富无常，所以我们也将这些错综复杂的多元文化素材当作创作的来源。我们倾向于将焦点停留在各色的美感之中，并以服饰里经典传统的品类，还有量身定做、手工针织以及民间工艺等等带来美的感受。西藏僧侣们以及来自非洲肯尼亚的马赛游牧民族的穿着中那种简练而自然下垂的"造型式样"给了我们很大的启发，我希望通过这种形式来创作出一种与西方传统服饰截然不同的款型。在选择这三款服装的用料时，天然材质是我们的首选：美利奴乳羊毛，羊毛和丝质物的反面（加了一些些棉质材料）以及皮革（补充了一些些丝织物）等面料，颜色全部为黑色。

设计创作

　　我的基本设计构想是希望打造一款平日里无论是何时何地都能穿用的设计。通过针织以及悬垂披挂的方式相融合得到的这款尺寸偏大的上衣，看起来比较中性且自由，可以适合很多场合。在超长马甲配以骑手头盔演绎的不对称帽子组合造型的背后，隐藏了不同的风范，如经典的、运动的、街头的、娱乐的等组合。我们希望开拓一种可延伸的设计系列，而不仅仅是一个产品线，因为我们认为在可延伸的设计储备中能够得到更多地设计结果。此系列综合运用了比较轻盈、松软的纱线以及配合大针脚的线迹等手法，用以打造这款令人期待的宽松针织上衣。在马甲的设计上，领面上专门有一片丝质品，后腰处的可调节丝质腰带将马甲的前面两片连接在一起。骑手造型的头盔采用了不对称的裁剪，将后侧的一大部分以及头部的一侧都留白处理了。帽子上组合带的结构与造型将头盔帽巧妙地塑造出来了。

摄影：吉姆·戈瓜（Kim Jagua）

作品风貌

　　手工针织宽松上衣运用了立体悬挂造型的方式，并附以非常灵活的结构片而成，因此总体设计感自由随性，随着身体的变化而变化。这种多变的造型使得服装既灵活又雅致。由骑手头盔为灵感而得的帽子设计可以说是非常有型的配饰设计，超大尺度的马甲体现了一种中性美（正如FXDXV服装的时尚风貌）。

编辑：丹尼尔·鲁尔（Daniel Rull）
摄影：J.M.费拉特（J.M.Ferrater）

编辑：丹尼尔·鲁尔
摄影：J.M.费拉特

乔治娜·本德雷尔
Georgina Vendrell

www.georginavendrell.com

　　乔治娜·本德雷尔于1983年出生于西班牙的巴塞罗那。就读于加泰罗尼亚服装学院并在西班牙高级时装屋何塞·蓬特（Josep Font）实习，在此学习之际掌握了具有革命性的男装设计理念。自从在2007年参加ModaFAD大奖赛被关注以来，一些好评与收获接踵而来。在此期间，她荣获了最佳系列设计奖，这也促使她在接下来的一系列设计中加强其个人创作风格，并在080巴塞罗那时装周西贝莱斯EL Ego活动中以及冰岛时装周上有突出表现，在瓦伦西亚时装周上她获得了最佳设计师大奖。从她的多个创作系列中能看到对于传统的格调与板型有着自己的见解，在基于传统经典的裁剪技术之上，她提出了遵循传统并立足创新的观点。对于她而言面料在创作的过程中极为重要，甚至成为一些设计创作的来源。她认为在创作时，具有良好的洞察力以及关注身边所发生的一切是不可或缺的，这样的思考习惯能够帮助乔治娜在进行男装设计时更好地洞悉与反映当下男性们的所思所想。

设计定位

　　我所定位的目标男孩们年轻而充满了活力，不仅善于表现自己在时尚方面的态度，而且非常自信。他很喜欢旅行并十分认同一种来自北欧的生活方式。他关注最新潮流并懂得欣赏传统。他有勇有谋，这是一位很有趣的男孩。

灵感来源

　　对于时尚而言，有很多的创作来源。我个人比较喜欢将目光投向来自街头的都市文化。为当今男士们设计出与众不同且大方得体的服装，需要首先了解如何武装他们。在此，我的灵感来源于一位音乐家，名为帕特里克·沃尔夫（Patrick Wolfl）的创作型歌手，他来自于英国的南伦敦。他的音乐风格因其混合多种声效如摇滚、民俗、电声等进行创新性组合而闻名，给人的印象是敢想敢为并经常能够带来惊喜。这次选择了不同深浅的红和灰为主色调，布料为斜纹防水呢料以及棉。

摄影：凯蒂·科比特（Katie Corbet）

设计创作

　　首先我有一个总体的规划，将可运用的面料以及获得的素材来源做好记录。当在纸面上开始绘制此款具有都市风貌的时尚造型时，我选择了三个品类：裤装、T恤以及短袖夹克。这是一款基于经典的板型而打造的都市感极强的设计，在面料的选配同时针对其重新演绎的廓型中得以实现。修身的裤型、低胯腰线并配以牛仔铆钉的细节颠覆了经典打褶裤装的造型风格。上衣为两款略微宽松、深浅不一的灰色棉质组合：圆领短袖T恤和短袖大翻领一粒扣夹克，此夹克的板型借鉴了男式晚礼服的裁剪，经典而随性。

作品风貌

　　这是一款非常便于穿着、基于流行风尚的休闲组合装，明亮的红色裤装与灰色碰撞相约，上衣的设计视效感强。服装整体舒适无比。并通过与服饰配件如鞋子、眼镜、帽子、围巾等的搭配，营造出与众不同的惬意感。图片中的模特阿廖沙·克瓦斯很好地诠释了乔治娜·本德雷尔希望塑造的目标男孩形象。自早期的系列发布以来，设计师乔治娜已经在她的宣传册以及秀场中多次和这位模特有过精彩的合作。

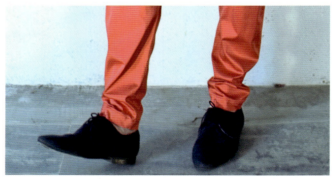

乔吉·拉塔什维利
Georgy Baratashvili

www.georgybaratashvili.com

　　乔吉·拉塔什维利出生并成长于莫斯科，而他的故乡却是在格鲁吉亚。表现力极强的乔吉，在他很早时就体现出在绘画、音乐以及舞蹈等方面的才华。特别是在舞蹈方面，15岁的乔吉便是一名专业的舞者。在莫斯科完成设计与制板的学习后，乔吉·拉塔什维利于2003年来到英国伦敦，在获得伦敦时装学院的学位后，乔吉又于2008年攻读中央圣马丁的服装设计硕士学位。学习期间获得多个设计奖项的他，与英国知名品牌Preen合作并为该品牌的店面做设计开发。他还为品牌Puma打造过非常成功的系列设计。在圣马丁的毕业作品展示里，乔吉·拉塔什维利发布了一组与当下男装风尚截然不同的设计，无论是造型还是技法都富含非主流的独到之解。2009年9月，在伦敦时装周上，以他的名字命名发布的男装系列《鬼魅而浪漫》，灵感来源于曾经作为舞者的自己。在当今的男装时尚舞台上，乔吉·拉塔什维利已逐渐成为一位佼佼者。

设计定位

　　他是我的一位好朋友，年轻的艺术家。多年前我们在大学校园里相遇。他身上有独具魅力的磁场，同时他品位很高，才华横溢。在圣马丁完成学业后入伍。现在，他在给一家台湾的公司做设计，并一直在搞艺术创作。他的体貌非常自然，俊丽的中性美面庞与众不同。

灵感来源

　　我所定位的目标男性穿着非常随性却精致，不需要跟随流行而人云亦云，但看起来总是很入流很摩登。在意大利的旅行中，我不时勾勒设计中的创作来源。我一直在思考如何将那些基本款的设计与时尚以及追求不同生活方式的时髦男性的品位相融洽。我尝试着将古罗马帝国时期的那种悬垂披挂的着装方式与当下都市生活的需求相结合。至于面料，做旧的针织与水洗皮革并用，体现其天然而高品质的特征，这种面料非常精细，甚至有女装的影子。其颜色以黑为主：不同色调的灰以及搭配一些强调色。

设计创作

　　这次的灵感来源于罗马帝国时代自然悬垂的服装式样，我将当代男性衣橱中常见的基本款如窄腿牛仔裤、T恤衫以及夹克等做了一些转换，打造成皮革长裤配以丝质针织水洗怀旧自然垂褶T恤，斗篷式外套则采用了水洗羊毛针织混合上等织物而成的面料进行组合设计。在确定使用这些面料之前，我采取了基础样布做服装造型的式样研究和调整，随后又在模特身上进行试穿以找出需要修正的部位做改进。当最终确认这些造型能够传递并展示出我起初拟定的创作理念时，我再采用成品材料完成制作。

作品风貌

　　设计作品最终由3件单品组成的总体风貌舒适而浪漫。上衣夹克外套可以转换成一件斗篷。将罗马帝国执政官式长袍外套托噶（Toga）与自由褶造型等汇集整合而形成具有时下摩登男士风范的着装，其中硬朗的皮革和温暖的羊毛所带来的强烈对比打造出了一种温馨且优雅的视觉效果。

摄影：布伦丹&布伦丹

汉娜·特·穆伦
Hanna Ter Meulen

hannatermeulen.blogspot.com

来自荷兰从事男装设计的设计师汉娜·特·穆伦于1985年7月出生于奈梅恩，成长于荷兰的南部马斯特里赫特地区。她选择了世界知名的阿尔特兹艺术大学进行深造。她于2007年毕业并展示其第一个男装系列。在此之后，她很快获得了来自伦敦的安·索菲·贝克（Ann-Sofie Back）的任职邀请，并以设计工作室产品监管的身份工作了一年。2008年，她进入闻名于世的英国皇家艺术学院，开始进行其研究男装设计的学习，这里也培养出众多活跃于当下时尚舞台的男装设计师如埃尔托·斯隆普（Aitor Throup）、詹姆斯·勒昂（James Long）、卡罗琳·梅西（Carolyn Maassey）以及凯蒂·埃尔（Katie Eary）。在校学习期间，她荣获了IFF的亚军奖、康兰基金奖以及意大利ITS#NINE时尚大奖的亚军。她于2010年6月份毕业后，着手创立自己的品牌。

设计定位

这是一位衣着优雅而华丽的男士，他富于个性且有些偏执，但风范十足。他对一些新事物非常感兴趣，特别是在时尚、写作、电子用品、建筑以及美食等方面。他对自己的个人风尚非常有见解并引以为荣。他热爱旅游并由此而内涵丰富且喜欢创意，知晓些人情世故。他可能是一位演员、作家、诗人或是画家、音乐家，他是那些你会在大街上不期而遇擦身而过的某一位，但也是令你不得不转身回味的那一位，只因那极具震撼力的时尚个性造型。

页码221　摄影：利亚姆·阿伊罗特（Liam Aylott）

灵感来源

　　此次设计的灵感来源于一部影片——《美国精神病人》。这部电影中的服装服饰是我在创作初期的切入点。20世纪80年代后期到90年代，阿玛尼和范思哲的廓型设计引领了整个时代。之后的时装设计很多着重以面料及其应用而进行设计开发，在此情况下，制造技术以及装饰打褶等手法的运用大当其道。而对服装造型技法的探讨也越来越受关注，与此同时男性化风范的着装格调被认同与加强。

　　我的设计原则是所采纳的织物材料都必须是高品质的。因此，对于此系列也毫无疑问的有如下选择：高档的苏格兰粗呢料、搭配超细纤维羊毛以及丝质衬衫和马海毛、开司米针织料等。高质且富于奢华感的用料非常吻合我所定制的目标受众们的穿着品位。色彩灵感来源于一位行走于旅途中的绅士，设想这次他的目的地是北极，色彩素材取决于一张以冰蓝为主体的老照片，色调为比较奇特的蓝灰组合。

设计创作

在设计草图中所呈现的这位具有21世纪邓迪风范（即时髦而华丽的风范）的男士，其着装在优雅中又透露了一丝休闲。而这样一件由若干裁片组合的经典夹克装是这位绅士其较为生动的写照。肩部舒适且独创感十足的造型设计来自于夹克袖窿处的无缝结构处理，此处肩部的图案设计来自于不同条纹的交织与编合所呈现出的格纹图形。这样的肌理与设计为经典的缝纫艺术增添了些随性与摩登。蓝灰色条纹衬衫的顶部采用纹理拼补组合的设计，为传统的裁剪制作多了些富于趣味感的细节。

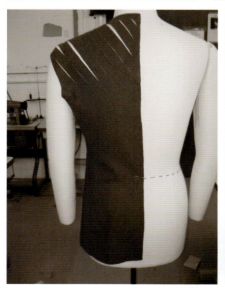

页码222　摄影：利亚姆·阿伊罗特（Liam Aylott）

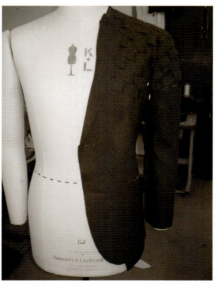

页码224+225　摄影：布伦丹&布伦丹　造型：威尔·韦斯托尔（Will Westall）

发型：迈克尔·琼斯（Michael Jones）　化妆：马丁纳·路易斯提（Martina Luisetti）

模特：杰克·吉尼斯（Jack Guinness）

作品风貌

　　在这张图片中，模特的着装用色为黑灰混搭，黑色长裤、系带灰色鞋、黑灰色调的针织服装相映成趣，一种精致的优雅与惬意油然而生。对于设计师汉娜而言，选用杰克·吉尼斯这样一位有着集剑桥教育背景的演员、时装模特、DJ等称谓于一身的全能人作为此次的着装模特，其用意是显然的。杰克由内而外的独特气质以及着装时的自在悠闲，给人们带来了无限的惬意，并引起了时尚人世一定的关注。这些都是设计师汉娜在打造本次时尚造型终极目标时的用意所在。值得称赞的是，它们被完美地组合在一起。

H.弗雷德里克松
H Fredriksson

www.hfredriksson.com

　　瑞典设计师海伦娜·弗雷德里克松工作、生活在纽约的布鲁克林，在此她收集了很多精美的素材，并反映出与纽约大都会多元文化混合共生的北欧斯堪的纳维亚文化。她的设计综合了现代、自然、艺术和可持续性的概念，同时这些设计也受到伯格曼电影晦涩心理学和欧洲当代绘画的影响。那种低沉而略带忧郁的气氛使人联想起质朴的廓型以及日耳曼式的景观细节。海伦娜的时装设计受到她本人在艺术研究方面的影响，以至于在造型、颜色、形式感等方面传递出强有力的设计，既有对比又有协调。她意识到隐藏在她所使用的那些传统工艺和高新技术后面的过去与现在，所以尽可能于选料方面将这两种不同进行完美地结合。弗雷德里克松在纽约时装周过去的6个季中呈现了她的设计成果。她也为一些舞蹈演员和歌手设计舞台服装，比如"剪刀姐妹"（Scissor Sister）音乐组合的歌手安娜。同时，她也跟一些位于纽约和瑞典的画廊、展览进行合作。目前，海伦娜成功设计的跨界品牌产品在美国、瑞典和日本均有售。

设计定位

　　我心目中的她是独立的、赋予创造性的、知性的、开放的、灵动的、有力的、细致的以及非常接地气的……她有着自由的精神境界，有着与不同文化人群良好的沟通能力。她是我创作中的灵感，是丰富我思绪的原型，是一种生存方式的写照。

灵感来源

　　灵感来自于女性的内在力量，从胆识的塑造到打破界限而变得独立。面料是经典的斜纹软呢，人字斜纹，轻薄编织的棉麻织物和原始印花丝绸绉缎，用一种兼具创新和可持续的方式来制作。至于颜色方面，他们是深沉而忧郁的，通过肌理和印花进行平衡，一组柔和而经典的配色是经得起时间考验的，并由此而留下一定的印迹。

设计创作

　　本设计包括三个部分：一件铅笔裙搭配宽松的和服袖上衣以及斗篷外套。这呈现了在放松量上的多元混搭效果，旨在突出整体造型的优雅感以及同时兼具的年轻与风趣的气息。宽大的和服袖子作为设计的一个延伸点主要是更想体现出穿着舒适的感受，这种风格的袖子给穿着者的身体和运动带来了一种优雅的体验。黑色印花和芥末川黄色的使用带来一些温暖的民族风。理想情况下，这件上衣应该加上一个非常简单的紧身内衬衣，并配以人字形斜纹铅笔紧身裙（虽然它也可以搭配紧身裤袜或细腿长裤）。因为和服袖上衣通常不合适搭配外套穿着，所以这件斗篷将是更好的选择。

作品风貌

　　海伦娜一直对服装的廓型和放松量很在意。

　　她希望自己的设计能让穿着者享受到舒适惬意的感觉。在这里展示了优雅的裙子和上衣搭配的效果。一只具有原始风味的手镯呈现出介于波西米亚与民族风之间的那种别致效果。在右边的图片里，斗篷仅仅使用了一颗纽扣，给这个设计带来最大限度的舒适感。高领搭配较长金链带来一丝不同寻常的卓越气息。这三部分的组合使用，或每一品类的独立穿着，都很符合都市味极强的女性，同时也伴随一定的温暖、怀旧而自然的感受。

希尔达·玛哈
Hilda Maha

www.hildamaha.com

希尔达·玛哈（Hilda Maha）是一位时装、印花面料设计师，1979年出生于阿尔巴尼亚首都地拉那，1990年9月随家人移居意大利。2002年她赴伦敦学习时装设计，并以优异的成绩毕业于中央圣马丁时尚印花设计专业。初出校门即在众多设计大赛上崭露头角，她的系列作品也赢得了当时许多时尚买手的关注。然而，希尔达·玛哈却一心筹划建立自己的公司，ITS机构曾任命她为"印染实验室"项目的带头人之一，此项目是由Friulprint公司推动，玛哈在为畅销世界的不同高级定制做印染面料系列设计的时候曾与Friulprint公司有过一年的合作。而此次她为Friuprintl公司做的系列设计也顺利在2009年的2月及9月的巴黎第一视觉面料展上亮相。随后，她决心专注于对自己同名品牌（Hilda Maha）的设计，这项事业她需与众多领域如时装设计、室内纺织品设计、印花面料设计等时尚自由工作者们以及服装制造业的顾问等悉心合作。

设计定位

她是一位个性多元化，给人感觉变化莫测，有趣的女性。她爱玩但对要做的工作却非常努力，并且业绩也很突出。她讨厌浪费生命中的每一分每一秒，并为自己想要追逐的理想而奋斗。价值观、家庭以及所爱的人都对她意义重大。她拥有高薪的工作，虽然常常对各种挑战应接不暇，但个性富有激情和创造力。她强势，但仍有浪漫和脆弱女子的一面，性感却不失甜美。

灵感来源

　　差异化和相似性赋予我灵感。手工艺和科技，厚重的与轻盈的，丰富的色彩以及黑与白……灵感随处而生，但是创造力却需要培养。作为一名印花设计师，我的工作亦是如此，先设计印花以及挑选面料，触摸这些面料使我灵感萌生。我常自问，如果金属如绸缎般光滑，厚羊毛看似透明硬纱般轻薄透亮，或如天鹅绒般柔软，会是什么样的感觉？如果温暖柔软的羊毛被换成冰冷僵硬的金属线，感觉会怎样？这只是第一步。随后我融入了20世纪70年代末到80年代早期里性感与趣味的一些元素，同时也参考了民族风服饰，如来自Alabama Worley，Avater，Helmut Newton以及Moschino的设计。我对面料的质量相当重视，并一直试图寻找最佳的面料。我会频繁使用透明硬纱、天鹅绒、绸缎以及真丝汗布，有时也会在一件衣服中将这些元素相互结合，形成一种对比感。最后余下这些100%的纯羊毛、雪尼尔和棉布，我将其染成黑色和白色，或制作成自己的面料小样。我深爱色彩，并且深爱20世纪70年代给我带来的灵感。此次是冬季系列，有色设计可能会更出彩。常用的深蓝、灰色和黑色已经使我感到厌倦，因而可能会冒险尝试一直进行的有色设计，并用小面积的黑白作对比，加上方格设计可能会更有趣。

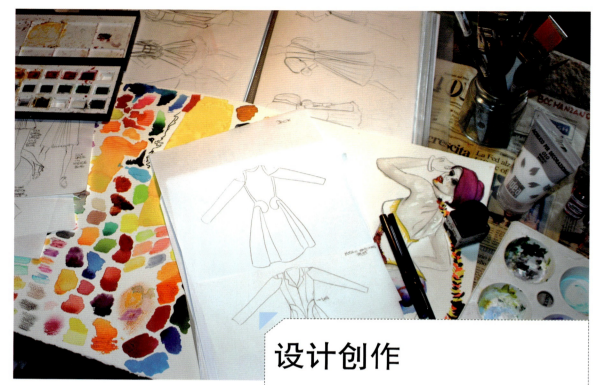

设计创作

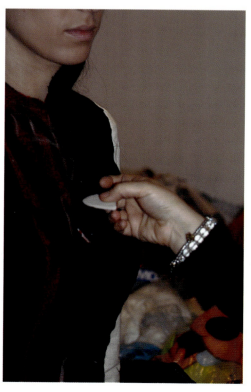

　　脑中构思好情绪以及概念之后，我会先画出很多草图，并借用人台辅助我不断修正设计从而继续向前。经验告诉我有时使面料自然的呈现胜于矫揉造作，因此画出草图和制作样衣同时进行，这通常是整个设计流程中的大工程。设计中，腰线和肩部是设计要点。如果我想要强调腰线，就会提升纽扣的位置到肚脐以上，强调肩部则再配上瘦腿裤。背部设计也很重要，裸露或有突出细节的设计都很讨巧。这件外套使用了印花丝绸，包括外部的细节设计。其余部分则使用白色羊毛以及黑色天鹅绒。脖颈处的细节比例也做了调整。我喜欢模特的试衣环节，当然人台也是我所钟爱的。人体穿着状态下的样衣仿佛被赋予生命力，我也能轻易看出哪些地方还需改动。例如，现在我需要在腰部拽着衣服，就会发现装袖的不妥，于是就立即将其改为普通袖型。

作品风貌

　　这些图片展示了搭配几件单品的两种方式：高腰裤配夹克，或者是高腰裤配白色波点高领外套，这些波点的颜色须与高腰裤颜色一致。为了塑造肩部和臀部的迷人造型，部分的设计都需合腰，为模特Alek天使般的形象所做的这些秋装设计很有趣。希尔达·玛哈除了是一位时装设计师之外，还是一位极棒的印花面料设计师，这就是她为什么能以独创的作品惊艳世人的原因。

摄影：迪齐·荻亚斯（Dizy Diaz）

胡安·安东尼奥·阿瓦洛斯
Juan Antonio Ávalos

www.juanantonioavalos.net

胡安是西班牙的新锐时装设计师，于2009年创立了自己的男装成衣同名品牌。他曾就读于巴塞罗那的费莉西妲领袖时装与设计学院（Felicidad Duce School of Design and Fashion），在此期间，曾与时装领域里不同的时尚前辈们合作，并在马德里斩获巴黎欧莱雅最佳工作室（Tu Estudio, Tu Studio）大奖。2007年，他以学院最佳作品三等奖的成绩顺利完成学业，在安东尼奥米罗时装工作室工作。随着两个系列成功打入市场，他已经逐渐成为西班牙最有潜力的设计师之一。事实上，他的第一个系列在2008年巴塞罗那时装第一版中当之无愧地赢得了"加泰罗尼亚（Premi Cataunya）新兴设计师"的称号，这成为他日后进军巴黎的一个跳板。他曾受教于设计师伯恩哈德·威廉汉姆（Bernhard Willhelm）和托马斯·恩格尔·哈特（Thomas Engel Hart）。同时，也与匡威（Converse）和意大利休伯家（Suoerga）公司以及摄影师比约恩·泰格慕斯（Bjorn Tagemose）和丹尼尔·里埃拉（Daniel Riera）合作。他的设计偏向反潮流、国际化、动感十足的风格，为男性寻找舒适的另类衣服。

设计定位

我的顾客总是给人生机勃勃、充满活力的印象，他想得到与其他人不同的感受，不想成为人群中的一员。他沉浸在色彩、面料和质地相结合的感受中。他拥有着重实用性的穿衣品位，对设计有一些研究并喜欢概念性比较强的系列作品，能够时刻享受着生活的乐趣。

灵感来源

　　我们在民族风概念、音乐和其他相关艺术学科领域中创建新的视野。标识化的风格来源于对传统风格的借鉴和打破。就目前而言，男装的配色以及裁剪都不同程度地与运动风的相结合是我们设计的统一方向。我们喜欢对比并结合不同质地的面料，但更偏向于强化色彩和高光泽度的有科技含量的织物，虽然如此，天然面料如羊毛、亚麻和棉仍必不可少。此次的设计灵感来自于漫画人物魔神Z这个形象（在美国称为Tranzor Z），是日本著名漫画家永井豪创作的机甲先驱之一——被人类操控的巨型机器人。服装上的色彩应用能够真实再现这一角色。

设计创作

　　该服装的设计灵感来自于漫画人物魔神Z，并且采用机器人的结构，其色彩也将作为整个设计的参考色。红、黑、灰、蓝四种颜色常用于最显眼处，里料为黄色面料。面料通过填充设计，来彰显这一人物的体积感。夹克由多块拼合而成，每块都有各自不同的填充设计。而这更需要事先研究填充设计以及它们彼此之间的理想组合。尽管设计中真实地再现了一个机器形象，但整件作品仍趋于实用性和可穿性。

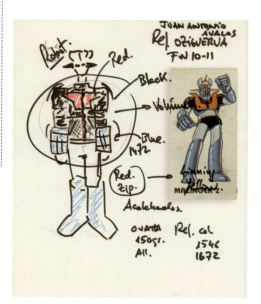

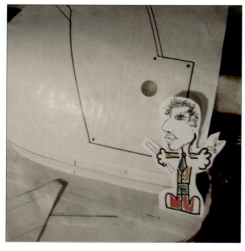

作品风貌

　　胡安·安东尼奥·阿瓦洛斯对设计、体积感和线条造型的完美研究以及他的独创性和创新力打造出非常舒适并体现漫画人物力量感的都市化服装。高光泽感的面料，对颜色和细节地准确把握呈现出复杂多元的感受。这张秀场的图片展现出的一种风格：头戴使用相同的黑色填充物设计的超大耳机，妆容酷似机器人，脚踏匡威篮球战鞋——真实塑造了一派国际化混搭形象。

胡安·维尔达
Juan Vidal

www.juanvidal.net

　　当胡安·维尔达到了进入大学学习的时候，他决定选择美术专业，大学里的学习与积累为其奠定了重要的美学基础。然而，他的兴趣所在是时尚设计以及服装裁剪（他所在的家族从事服装裁剪工作），他重新考虑自己的职业定位并在巴塞罗那的费莉西姮领袖时装与设计学院（Felicidad Duce School of Design and Fashion）学习服装设计。他得到行业内部的关注缘起于他在2005年获得了ModaFAD授予的最高奖项。从那以后，他的作品受到很多行内专业人士和支持者的称赞。胡安·维尔达将他的作品在西班牙各处进行展示，例如，马德里时装周上的EL Ego展，080巴塞罗那时装周，瓦伦西亚时装周，并获得了2010年春夏露华浓时尚奖项。他在设计中呈现出随不同季节变换的激进风格，但它们总是保持一种独特的、可辨别的风格，并强有力地传达着典雅及性感的女人味。

设计定位

　　我为那些骨子里散发着自信感的女性而设计，年龄不是主要的问题。她浑身充满热情、性感并且激情四射。一种非常纯粹的女性美很吸引我。这些女性有些强势，然而魅惑与娇弱也同时伴随着。充满安全感和享受快乐在那些害羞的女性身上是没有的。她们有个性和洞察力，注重细节，她们能够意识到如何平衡是最好的时尚利器。

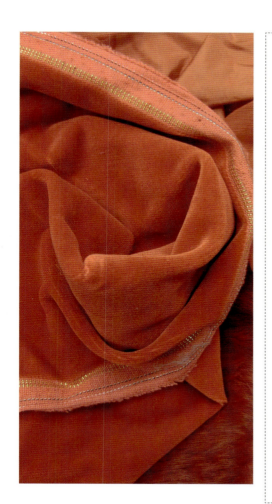

灵感来源

　　这件服装是以蛇蝎美人那种致命的形象轮廓作为首要参考的，却又更聚焦于当代时尚。设计中比较重要的是，对一些事物敏锐的感知以及怎样把它和触动你的感受进行转化，从而启发你进行创新。同时，我认为加入手工感的设计是非常有趣的，因为它能更加衬托出裙子的精美。在我看来，"太多"是过度以及浪费，一些较为正式服装的对比组合不会出现这种问题。而那些"比较随性"的服装在你欣赏与关注它的结构时，会发现一些生动有趣的地方。个人认为服装的内容颜色的彰显也是至关重要的。如果你只是盯着女模欣赏而不是服装，那么再蛊惑而离奇的服装看起来也会乏味。这次设计我选择了最为理想的红色，也是在情感的表达上最有冲击力的色彩。视觉上红色长时间的曝光增加了平均心率，促进肾上腺素在血液里流动，并带来一股热流。这是一款被夸张了的颜色，它掩盖了所有的色彩并出尽了风头。

设计创作

　　设计是以实践为出发点，并从织物材料的整体感观入手。你需要具备一个基本的构想，那就是如何让织物自身为服装注入一种生机。做一件衣服时，你不仅要知道如何对一个女性身体的某个部位进行展现或掩饰，也要知道如何塑造出使她感到轻松自在的廓型。我有一个一直保持着的工作习惯，即在动手实践中发现和体会。整个工作会按照我既定的设计思路来进行。

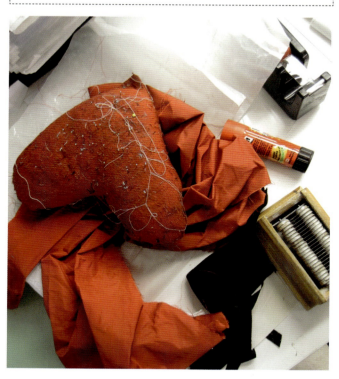

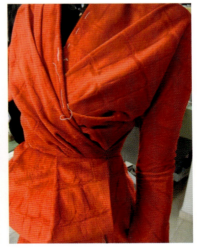

作品风貌

　　这是一件处处散发女性风采的时装作品。此种着装使她成为大家注意的焦点，而不是远离她。重重叠叠的褶裥与褶皱都聚集在腰部，并从胸部蔓延至臀部，着重凸显纤细的腰身、手臂和腿部。作品总体感受是优雅、性感，并且女人味十足。

页码248+249　摄影：费伦·卡萨诺瓦（Ferran Casanova）

基利恩·克纳
Kilian Kerner

www.kiliankerner.de

基利恩·克纳是一名靠感觉创作的设计师，出生并成长于德国的科隆。从2000~2003年期间，他分别在家乡和柏林学习戏剧表演。之后，由于对服装满腔热情，他决定在时尚界实现自己的事业梦想，因为他相信为时尚界奉献毕生的想法是一个正确的选择。基利恩的与众不同之处就是在于他对于每一个设计作品都付出最大的热情和心血。随着他的第一个作品系列 Uberhaupt und Du 的成功发布，这一验证更加坚定了他对自己所选事业的正确性。目前，该品牌在发布第10个系列之后第一次庆祝此小禧年之际，设计师本人对在创意手法以及概念等方面的娴熟掌握与应用而引以自豪。基利恩·克纳在第一次参加了德国梅赛德斯—奔驰2008年夏季时装周后，连续不断地出席了后来5个季的时装秀。这也是为什么这个品牌能够成为德国时尚界非常稳固的风向标，克纳毫无疑问是德国首都时装秀日程表上不可或缺的重磅级人物。

设计定位

她是一个自信、有野心、独立且对自己的人生要求很高的事业狂女性。她对时尚有着与生俱来的认知，并非常重视自己的外貌，同时对着装也有很多要求，她认为这些要求应该强调她的性格并能够反映出她特立独行的个性。无论是在休闲还是着正装之时，她都表现出经典、简约以及自信的时尚姿态。

灵感来源

　　我的设计作品所带有的感染力和创意能量来自于一种元素，这种元素在基利恩·克纳品牌的创作与发展中有着决定性的作用。如何建立起自己品牌的故事始于一次对设计的探索，非常喜欢音乐的我在一次音乐会时，所经历到的那种轻如空气般的感受是我一直希望在品牌中打造的，那是一种充满活力、能量四射并附有深情厚谊的感受。我把时尚看作是一种与生活中某一瞬间所发生的情形相联系的解析。建立在这种基础上的创作，基本上有了自己的方向，我希望在没有时尚风格与性别趋向的约束下，运用一种全新的设计语言来打造时尚。每一个系列的背后都有一个故事，每一季的秀场上进行作品展示之际都有现场的音乐伴奏，非常感谢合作的乐队为每一个服装系列所创作的音乐，他们将作品背后迸发出的创意火花变为一种真实感想。Splinter X和Mor La Peach是经常参加本品牌秀展的乐队。

设计创作

　　第一个系列是通过对所用材料及纤维的测试，获取一种既合身又与肌体接触得非常融洽，同时能够使穿着者备感自信的创作。有时候需要多次的反复，才能将细节拿捏好。这件裙子整身选用的是红色，不同材质的红带来了色感上的区分——棉质的红、雪纺上的红以及丝绸上明快的红——不同材质融汇出来的和谐氛围凸显出一种高贵的气质。裙子的上层由合成纤维材料制成，中间部分和袖子是百分之百的丝绸。增加的有胸衣部位造型、吊带、脖颈处的拉带以及纯棉材质制成的靠近下端的部分。内衬里是百分之百纯丝绸面料。

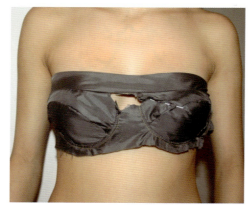

设计创作

　　这款夹克采用的是单一的海军蓝色，尽管这样也可有不同的色调进行区分，因为它们是由稳重的海军蓝色羊毛以及明亮的蓝色丝绸面料组成。同种颜色不同材料的联合使用，差异性的组合使这款夹克看起来比较特别。两种色调的融合创造出一种碰撞的和谐。

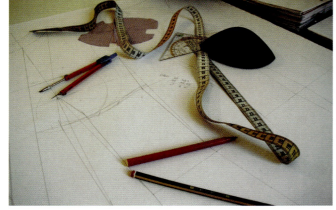

作品风貌

　　这两个作品都体现出本品牌的设计精髓。它们秉承的是打造年轻且浪漫的时尚风格。她穿着的是一件精彩优雅且具有活力的长裙，拥有通透、微妙的对比感等特点。明亮的红色将模特演绎成一位真实的、焕然一新的吉尔达式女性。

作品风貌

　　这是一件具有经典怀旧风剪裁特征的男装外套，独到的纽扣设计以及多种面料的组合使用等细节，增添了些许与众不同的魅惑。点缀在脖子上的围巾和搭配在内穿着的条纹衫，整体上实现优雅而精致的视觉效果。

德多LAD
La Aguja en el Dedo

laagujaeneldedo.blogspot.com

伊斯梅尔·戈麦斯·菲格罗亚（Ismael Gomez Figueroa）在对时装设计这富有神秘感的行业产生兴趣之前是在塞维利亚大学的广告、公共关系和视听通讯专业进行学习。他首次在时装界崭露头角是靠自学的，直到2004年获得了必要的经验后，在塞维利亚成立了La Aguja en el Dedo，并由此在西班牙开设了他自己的门店。2008年3月，在安达卢西亚时尚秀场里展示了他的首次T台秀。随后的6月份，他又在野马时尚周开了他的第二次时装秀。这个制作项目也作为了本尼塞斯国际庆典的组成部分之一。同年他作为参展商参加El Ego de Cibeles陈列展。作为该品牌的第三次秀，他和塞维利亚年轻的设计师、制板师哈维尔·巴特尔（Javier Bartel）进行了合作。哈维尔·巴特尔在城市学院学习时尚设计，并且完成了在塞维利亚依麦根学校有关制板和数字化板型研究的学习。他俩在2010年的6月于西班牙的加迪斯South 36–32N时尚秀中针对2010～2011秋冬季时尚系列设计有紧密的合作，这也是他们俩首次合作成功的作品秀。

设计定位

LAD从每天的生活中吸取正能量。我们的"她"在人群之中展示出来的是非常自然的穿着风貌以及她独到的穿衣方式，这些也是她身份的象征。她把自然和随性传递给大家，我们体会到的是那种纯粹与优雅的格调。

灵感来源

　　我们的工作通常是从无数个想法和多得不行的争吵中开始。通过滤掉不适合的构想，直到达成了最棒的结果与共识，每件成衣都是如此。

　　本次设计的灵感来源于形成我们周围的一切事物。设计过程中不断迸发的自主创造性以及灵感来源等，感谢这一切的存在以至于我们可以通过对周遭事物的捕捉而获得我们想要的创意。我们通过在服装上的满底印花来加强我们个人对设计的认知。宽松而舒适的廓型配以明显的褶裥处理，视觉上达到了纯粹与无邪的解读。孩子气十足无忧无虑的图案被应用在衣服与袜子上，并与束带夹克综合呈现。材料上我们选用了粗呢、装饰绒面革、真丝以及棉。颜色有褐色、芥黄色、天空蓝和大地灰……设计总体上自然、朴质而浪漫，而这些颜色的组合搭配也能够带领我们深深地融入到大自然之中，同时也将我们置身于我们存在的这个世界。图案中海军蓝色的使用看起来更坚强，暗色调的运用是为了衬托更为光亮的部分。

设计创作

　　在不断修正的草图中逐渐获得我们想要的设计，并以此来作为服装原型设计的参考。当我们在一起讨论与制作每件作品的时候，过程中所做出必要的调整是很容易达到共识的。创作时不断在草图上标示出我们所需要修正的地方，然后在后续工作中不断加以修改。在裁剪与制作的过程中，我们对所需处理的细节一丝不苟。这件衣服的整体设计从一开始就很清晰，完成的过程中没有出现大碍，只是夹克的设计开始时是希望用披肩造型的（我们最后不得不修剪板型达两次）。通过多层的处理让裙子看起来更为丰满，裙子从表面上看起来比较坚硬是因为衬里布的橡胶处理。通过加强腰部到臀部的造型来展示女性的曲线美，当然在此情况下也不能限制穿着者的舒服性和自如感。整个作品中不同的部位选用同样的面料与色彩，从而打造出比较连贯的整体造型。

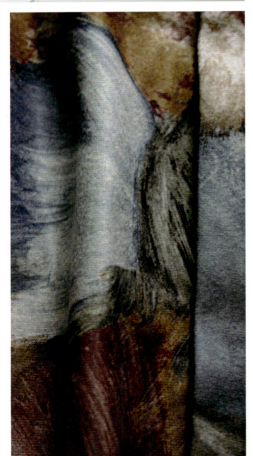

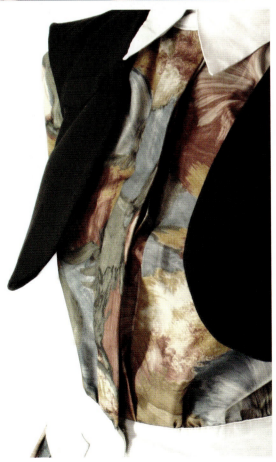

作品风貌

    作品外观看上去很舒适。设计中虽然有一些制服的元素，但回避了制服类衣服的所有含义。服装中不同的设计单元在不少的环境下都适用。作品中的单元组成部分很容易和其他的基本款进行重组，并获得富于独到的魅力效果。

    起初裙子的造型与剪裁是鸡尾酒晚会的理想装扮，而女衬衫的组合加入让它看起来更为日装化。搭配夹克这一品类是最妙的了。

莱斯利·蒙宝欧
Lesley Mobo

www.lesleymobo.com

　　莱斯利·蒙宝欧是一位活跃在伦敦来自菲律宾的设计师。他在中央圣马丁艺术设计学院获得了时装设计研究生学位，成绩优良，且威望很高。当他赢得了在意大利举办的第三届Diesel设计国际天才奖时，得到了时尚界著名大师的赞誉，如来自Diesel的伦佐·罗索，Costume National的恩尼奥卡·帕萨等。这次获奖的系列设计灵感来源于人们在极端环境下适者生存中激发出来的一种挑战，题目名为"北极的爆发"。除了他为Diesel创作的胶囊秀外——他的服装在纽约、巴黎、伦敦、米兰和日本等地一扫而空。他的设计登于很多重量级的专业杂志，如*Vogue*时尚、*iD*杂志、*Dazed and Confused* 时尚艺术杂志，以及*Self-Service*和*Purple Magazine*期刊杂志等。他对自己的签名以及图标设计探索出了一种别开生面的形式，如采用了混合的材质和一些有意思的图案。他的时装设计让很多名人变得优雅得体，例如，英国超模黛西·罗易（Daisy Lowe）、超模卡罗琳·特提妮（Caroline Trentini）。并且这些作品及设计被众多著名的摄影师所青睐，如马里奥·索兰提（Mario Sorrenti）、兰金（Rankin）等。

设计定位

　　这个牌子注重个性以及女士们对着装的个性选择，整体风格是高雅中透露些摩登的气质。这位"她"在浓郁的现代风格中含有丝丝古典主义的美，在夹杂着随遇而安且高傲的时尚气场中激发出一种男性阳刚和女性阴柔的合理平衡。就像范思哲和山本耀司在林栖地中见面一样！有一种世俗的色欲元素但又不是性的沦陷，是什么让现在的女性成为现代女性！

灵感来源

　　灵感源于马沓芬内罗镇，这个位于西班牙西北部的生态村镇在生活自治、社会文化、物质与精神等方面都比较独立。这些对于作者而言，是驱使和形成当代都会女性时尚气质的影响因素。这是一种体验式的创作，其中很微妙地展示了小巨人般的设计，如同时采用传统的与创新的手法来处理未经加工的羊毛。这些设计所传递出的信息并不仅仅是人体与服装本身，还有很多是由此而延伸出来的内容。

设计创作

　　最终的创作表达这一步骤是整个设计中最有意思的一个阶段。在每天的工作中，设计师享受着把想法转换成现实的挑战。即使灵感的主要来源不能形成主体的概念或理念，但与灵感相关的素材和来源在解决问题时依然可以被多元化。研究设计的选材、图形方案、后处理手法以及寻找服装结构的构建方式等，都是创作实践的重要部分。看看设计师第一个思想的植入是怎样转换成最终的设计，这个过程非常有意思。通常设计一件衣服就像是学习解剖学——设计师首先需要了解人体的基础构架以及筋腱和肌肉是如何与骨骼相连接的，还有身躯是怎么样移动的等。这些潜在的内容与构成将会影响着装后面料在身体上的运动，造成一种协调的自如感或是游离的畅快感。这件服装的板型部分源自于经典男士大衣外套。服装上的一些细节出自于军装以及劳动装中非常功能性的某部分设计。服装上的个别部位要求被解析成既具保护性又有灵活度的设计（如胳膊手臂的位置），一些部位的处理看起来很随性且很通识（如肩部、臀部以及胸部的轮廓）。

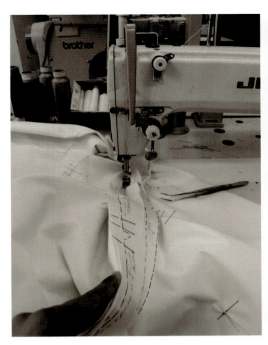

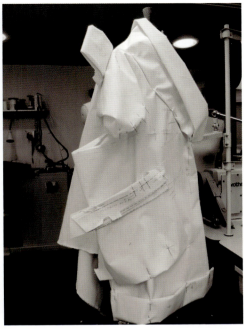

figure # 077789- first fitting

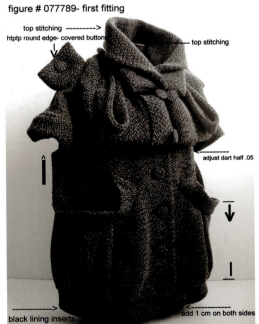

top stitching ----------->

htptp round edge- covered button

← top stitching

adjust dart half .05

black lining inserts

add 1 cm on both sides

作品风貌

　　这是一件十分特别的作品，以羊毛材质打造的外套其特点主要表现在可适性与多变性。这件服装由可拆卸的一些部分组成，突出的肩部廓型，打开的褶皱处理和大开领以及超大号的衣兜设计，都使得这件服装看起来与众不同。剪裁上借鉴了很多男装造型的技巧。塑造出整体风貌的还有黑色运动衫以及紧身连袜裤，专属军用黑漆皮靴——上面镶嵌有华丽金色配饰。发型及其装束也是整个作品的重要组成部分之一，由设计师莱斯利监督并呈现。整体造型为比较典型的摩登时尚范儿，满载着风趣与快乐的个性女生不时流露出自如、不造作之美。

曼纽尔·博拉若
Manuel Bolaño

myspace.com/manuelbolanho

　　曼纽尔于1984年出生在西班牙的巴塞罗那，在十多岁之前一直住在卢戈。后来重返巴塞罗那，就读于享负盛名的费莉西妲领袖时尚与设计学院，专攻时装设计。学习期间，他以设计助理的身份跟随设计师阿图罗·吉伦（Arturo Guillen）和戈百利·托里斯（Gabriel Torres）在Y Can Fuck W的制板部门学习提高板型制作方面的技能。毕业之后，他加入了西班牙知名的国际时尚品牌Mango的设计团队，直到他被选中成为加泰罗尼亚政府布雷缩项目的一员，由此取得了政府一定的资助来完成为期三年的自有品牌创业项目工作。他先后参加了在西班牙本土举办的多个展览，包括位于穆尔西亚的Pasarela Abierta展和080巴塞罗那时装周。他的系列设计获得了大量的奖项，如马德里青年设计师一等奖，2007年的"Bread & Butter"贸易展上新生力奖冠军等。自从创业以来，他的设计作品得到了业内专家的好评，并成为西班牙高级时装设计行列里被肯定的一员。每一季的作品都不断地翻新，然而留给大家的那些基本品质一直令人刮目相看，如精工细作的局部设计，使人眼前一亮的创意构想以及对创作来源的深思熟虑。

设计定位

　　我心目中这位女士对时尚的把握能力很强，她有着非常活跃的社交生活。她喜欢寻觅一次性的、非常独到的单元物件，因为这些难以获得的物件有时能够传递出不凡的品质，正如她所追求的一样。

灵感来源

　　灵感来源于一次同母亲一起前往位于加利西亚省的凯尔特山城堡的旅游。一些童年时的经历被形象化地呈现出来，如妈妈在雨天时为我和背包穿上雨衣的画面等。泰迪熊作为那个时期一直陪伴在身边的玩具，也出现在了服装造型中。材料为丝和毛与棉的混纺织物，也是为服装的塑形与肌理感表现做好准备。手工打造的马海毛柔软细腻，重新梳理并呈现出山丘上城堡的石纹视效。阴森的灰色折射出加利西亚地区的郁冷天气以及生长于当地的石材地貌。而驼色则令人温暖、幸福。

设计创作

　　设计图稿用于尽可能真诚地表达我最终的服装造型，当然它也可以帮我进行板型创建与修正的指导。这款较为合身，配有弹力收腰处理的连身裤躯体被四只泰迪熊的头饰所占据。对于此处头部的处理也是相当复杂的，需要将这些泰迪熊的头部结构很好地与连身裤相匹配以保持头部的特殊造型。一些不同的处理轨迹能够让服装穿起来更为舒适与稳健，同时也加强了这些头部装饰的稳定性。那些为了服装趋于合体造型的问题逐渐被解决，穿着舒适才是硬道理。

作品风貌

  不同织物的混搭使用能够制造出全新的肌理以及非常有意思的视觉效果。服装的整体廓型打破了女性基本的曲线表面特征，而收腰处理多少对这一曲线有所促进。采用毛织物做装饰完善的鞋靴与服装整体风格相得益彰。那些细节与装饰为塑造酷劲十足的作品风貌添砖加瓦。本图片中还有一款驼色的设计也是该系列的一员。

马丁·哈维尔
Martin Havel

www.myspace.com/martinhavel

马丁·哈维尔于1979年出生在捷克共和国。2005年，他完成了在利贝雷茨技术大学服装与纺织品设计的学习，在此之前的高中时代，他还接受了男装裁剪技术的培训。当前，他刚刚结束了在布拉格艺术建筑设计学院里进行的时装设计学习。设计师马丁·哈维尔参与了一系列位于捷克国内以及国外的展览与设计活动，例如，法国南特的欧洲设计展和由布拉格国家艺术馆举办的Design Match CZE:SVK展。他多次参加布拉格时装周，并获得了才艺奖。他的名字也列入了捷克年度科学院设计师获奖名录中。对于马丁·哈维尔而言，他的时尚态度是非常务实的，认为大多数人通过着装反映其对待生活的认知。他的作品也大量地出现在*Elle*、*Woman*以及*Star*等刊物杂志上。

设计定位

我所期待的这位女性非常自信。她会对生活中出现的意外与不平静保持良好的抗体，当然她非常清楚自己想要的是什么，同时拒绝过于女性化的范儿。她敢于接受与大多数人不同的意见，并以自己的姿态进行表白。

灵感来源

　　我的灵感来自于生活。我被那些自己所经历的、以前的或是现在的、我所碰到的人、我所看到的和听到的发生在我周围林林总总的事件而感动，并以此为借鉴成为我的灵感来源。我经历的周遭多少留下深刻的记忆，因而会自然而然地表现在我的设计中。在作品的传达之际，对社会问题的思考会是我创作时的主线条；之前的系列设计曾经对社交门户网络、传媒、用户至上主义、厌食症以及廉价的亚洲纺织品等做出探讨。当前的这个系列也正好是我刚刚做完的一个，探索的是如何以一种合理的方式平衡性别危机。这个系列梳理了我对有关现实与梦想的设计认知。概念源自于西格蒙德·弗洛伊德（Sigmund Freud）的观点以及雷尼·马格利特（Rene Magritte）的超现实主义画作。

设计创作

　　从一开始我就将需要拿捏的设计框架酝酿好，从设计理念开始寻找全新的创作感受。如同一部戏的导演，不仅为此系列设想好开头和结尾，还需要谋划好很多的方方面面。我不太喜欢看起来比较复杂而啰嗦的绘图设计，打造服装的主要目的是激发人们在这样的穿着感受中找到自己。一旦我对所期待塑造的设计在素材、观念、色彩、造型以及目标等有了清晰的认知后，便会着手设计工作。在此创作里，作品的设计基于一些经典的男士套装，在男装方面接受过的教育为我的设计打下深深的烙印。较为宽松的夹克源于男装的廓型，胸前的翻领铿锵有力。夹克与裤子都采用了略带弹性纤维的精纺毛料，黑色上衣的领子与白色的V领套头衫形成了鲜明的层次对比效果。但这是一件衬衫哦，并运用了相同的衬衫棉材料，只不过颜色为黑白对比色而已。

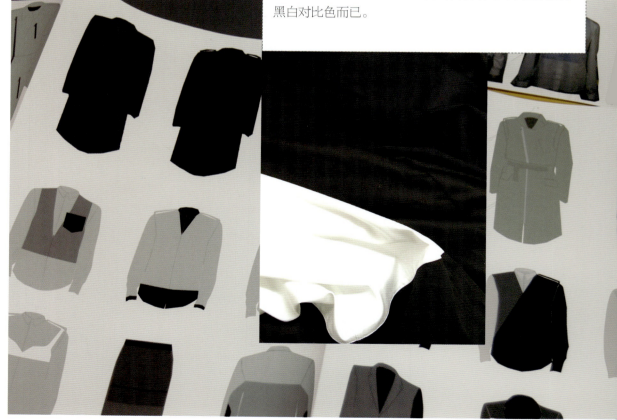

作品风貌

　　作品里营造出一种双层叠加的效果风貌：一个是由短裤下与瘦腿裤联袂打造的——窄的一面；另一个是由黑白双煞的V领与衬衫领并配以极具男性化特征的夹克而显现的——松的一面。黑白的组合历来都是优雅而坚韧且一丝不苟。双层的裤子与独特的领子为整体增添了摩登与现代感。高跟凉鞋、便鞋或是系带鞋的加入，使得穿着者在不失优雅的气场下爵士化。模特传递出的气质正是马丁·哈维尔在设计定位中曾描述的那种自信与坚强。

郑马胜
Mason Jung
www.masonjung.com

郑马胜于1977年5月出生在韩国的首尔。2007年他毕业于首尔的庆熙大学，获得了服装与纺织品专业的学位。在他的学生时代，郑马胜曾在军队里服役26个月，经历了纪律严明的军旅生活。这种经历深刻地影响了他的控制力，同时也反映在了他的设计中。毕业后，郑马胜曾在韩国为多家商业服装品牌做设计。2007年后他移居伦敦，以便于开拓他更广阔的事业。他在英国首都伦敦获得了皇家艺术学院的硕士学位，在那里他学会了用一些新的方式与手段，在探索多元的形式中创造时尚。在皇家艺术学院的最后一年里，郑马胜参加了"国际才子原创支持大赛"（International Talent Support，简称ITS）的竞争，并获得了当年时尚类的大奖。2010年郑马胜曾在巴黎为设计师品牌Maison Martin Margiela工作，同时在他的母校做访问教授。他的设计令人兴奋，并在设计中融入了一些颇为精致的板型及裁片的研究，作品从始至终传承着一种概念。

设计定位

人们偏好于一些非传统的理念。从更广泛的意义上讲，这样的一种文化涵盖了人们想看到的多样性和可能性。时尚由于具有极强的商业气息，很大程度上决定了最终展示在我们面前的那件时装的面貌与格调。在这样的情况下，单纯的创意和微妙的细节看起来不够有分量而很少被考虑。越来越多的人希望变得能够体验不同的东西，一种新的时尚消费途径将被酝酿而生。

灵感来源

　　设计这个工作在我看来，与强制性地约束是背道而驰的，同时能够张扬出独到的个性。回到韩国之后的生活很大程度上影响到了我的工作与创作。这个国家极权主义的基础和集体认同感使我开始质疑什么才能使人民接受我所提及的有关设计的概念。同样，我发现这些属性在服装，尤其是在男装中可得以表现，主要集中在"寻找普通人的服装"作品里，这也是本次创作的焦点所在，同时表现出一种巨大的变革，在常规的视觉效果下蕴藏着独特的组合构造。面料的选择也可以使服装造型看起来是"常规的"，针对不同的品类使用了有代表性的服装面料，如外套中的精细羊毛以及搭配的白棉衬衫，但这只是一些固用的组合元素而已，并将我真实的构想隐藏于此。

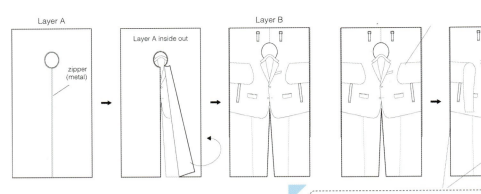

Layer A · zipper (metal) · Layer A inside out · Layer B

设计创作

　　整个设计不仅仅是从视觉方面进行考虑，而是创作构想与设计理念。我的设计构思通过实现一系列较为抽象的服装外观形态而得。正如所见的睡衣套装和毛毯套装，我尝试着开拓一些新的方法来构建服装。通常这需要花费比打造漂亮的轮廓和细节更多的时间，因为这样的设计并不能够一目了然。很难说我到底要去往哪个方向，有时我甚至不知道它是否真的可行。这就像解决问题，寻找解决方案的过程本身就是一个巨大的挑战，而此过程也是设计的重点所在。

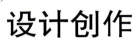

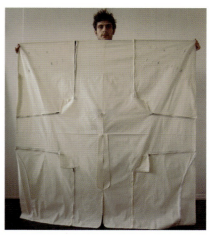

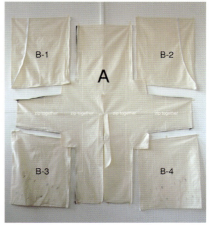

B-1 B-2

A

B-3 B-4

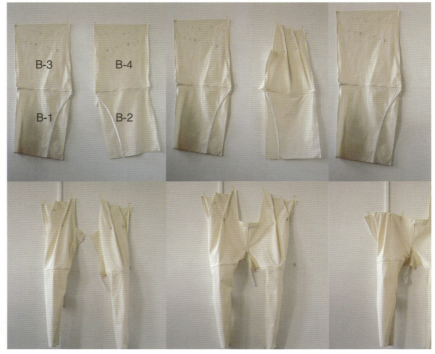

B-3 B-4

B-1 B-2

作品风貌

　　郑马胜的作品不仅运用独到的方式来解读服装令人钦佩，同时在他的设计中能够感受到注入了灵魂与哲学思想。他在设计中拥有的想象力、表现力和设计执行力等，与创意阶段最后的造型效果一样重要且精彩。右边的一组图片完全反映了这些，同时也反映出如何由一块布从睡袋演变成一件套装。这是一件舒适、充满活力且非常得体的服装。对于一位在时尚中期待不同体验的男性而言，它是一件再合适不过的非凡着装。

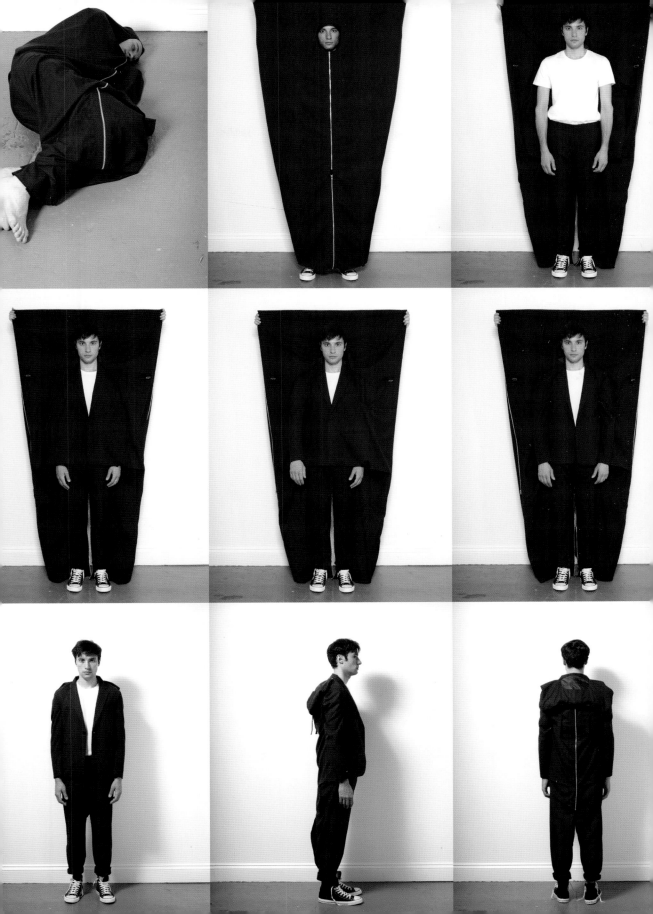

玛雅·汉森
Maya Hansen

www.mayahansen.com

玛雅于1978年出生在马德里。2002年她以优异的成绩毕业于马德里时装设计学院。早在2000年时她就已经开始获得了一些时尚类的奖项，第一个是波尔图时尚奖，这是一个基于多元设计的系列，表达了对当代建筑与时尚的思考。第二个是皇冠时尚奖（Smirnoff Fashion Award），在2001年于葡萄牙的帕库什迪费雷拉举办的国际大奖中，她获得了银顶针奖，这项皇冠奖让她成为最终的候选人出席了2002年2月在巴塞罗那高迪德的展示。在哈维尔·拉赖恩萨尔工作室实习之后，她于2004年创建了自己的同名品牌，自2006年以来一直从事专业紧身衣的设计。为了重新诠释它们，她花费了很多年的时间来研究服装的式样，并且收集了非常多的资料和图案。如今她的品牌出现在西班牙、英国、美国、日本和瑞士等国。玛雅带着她的作品出席了英国情色展等贸易博览会，该展会被认为汇集了世界上最好的紧身胸衣。她的设计也在一些节日上展出，如Wave-Gotik-Treffen和Festimad节日等。2009年在瓦伦西亚的时装周上她发布了名为"薄荷—巧克力"系列设计，并于2010年展出"蒸汽朋克"系列设计，在瓦伦西亚还发布了"迷失在布拉格"的系列设计，于马德里时装周的El Ego de Cibeles展示了名为"重金属"的高级时装秀。

设计定位

我的这个"It gitl"形象会与有着特殊性格的女孩相符，如歌手和滑稽戏演员维娜·冯·俾斯麦（Vinila von Bismark）。以风格多样的新浪潮混合音乐、摇滚以及电子乐而著称，她的形象是20世纪40年代封面女郎的如实复制。邀请维娜参加了"薄荷—巧克力"时装秀的开幕式，一个呼啦圈、秋千和用玫瑰花装饰的吊架与她相伴。她展示了一件紧身衣如何能够以温文尔雅、有趣和简练的方式出现。

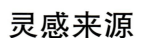

灵感来源

　　普通蛋糕、彩色的蛋糕、纸杯蛋糕、英国纸杯蛋糕所呈现出来的味道与气息：草莓和奶油、香草和巧克力、香蕉和榛子、香草和樱桃都是我设计中的灵感来源。奶油和巧克力松露、黑巧克力、薄荷和巧克力、甜点、棉花糖、糖果等，路易十六玛丽皇后的欢声笑语、玫瑰花、鸟语花香、绿叶与春色等也必不可少。面料中占主导地位的是复古味十足的一类较为奢华的材料，如麂皮绒、色丁缎、塔夫绸和欧根纱，并辅以具有未来感的橡浆材料和仿革材料做配饰。紧身衣的内部结构是锁边的。冷色调像石灰绿、草绿、泡泡糖粉色、樱桃红，混合柔美精致的色调如非常柔和的粉、碧绿色、香子兰或者裸色，与一些受限制的颜色如巧克力棕色和黑色综合使用。音乐、鸟鸣声以及20世纪80年代的风尚、甜心或者恋物癖者都是设计时的灵感来源。

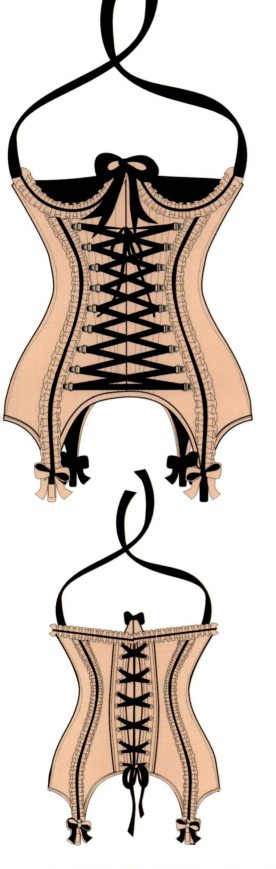

创作过程

　　我不太喜欢去画效果图，我们发现没有比亲手用面料在工作间的裁剪桌上进行组合、填充、装饰等直接设计再好的表达了。尽管我们有颜色的基本方案，但我们也会经常进行修正，例如，发现了一块全新的面料匹配出一个令人难以置信的色彩组合时。通常在工作台的裁剪桌上每一个物件都是重要的，由此我们可以创造出一个美丽的世界。如何对紧身胸衣的设计问题进行解析与重组由我们来决定。针对紧身胸衣展开设计，这是我们一直遵循的方向。在做系列设计之前，认真了解这件服装所需使用的技术是非常必要的。一块面料被改变或排除是因为它不能满足我们制作紧身衣的期望。有时候，设计中的面料是根据主旨意图进行创作而得，例如，一些装饰与镶边等。还有一些时候我们需要面对的是如何与胸衣的板型规则做挑战。在工作室里我尝试了很多设计，你需要感受不同样式的紧身胸衣所带来的亲身体验，这点很重要。当在工作室感觉比较自在和平静的时候，我通常尝试着这样做。因为只有静下心来，才可以做好对设计中不足的检测、改进颜色、修正板型以及传递出更为清晰的设计理念。为了在秀场上更好的展示，之后我们把紧身胸衣的规格调至到2个号码。有时候一条裙子的设计会让你不知所措，也会找到一种助你飞翔的感觉。同样的事情发生在紧身胸衣上时，它的滋味可能是甜美的，也有可能是反常规的。

作品风貌

这些令人叹为观止的图片似乎已经是很久以前的事了。它实际上是玛雅·汉森通过她的设计语言和方式来表达自我的一个桥梁。在这个例子里，一张图片中的形象能够全方位地传达所有影响该设计的那些灵感素材和探索内容。它的独特在于有很多细节，像打褶的装饰，镶嵌装饰物以及花卉等。由一些细微的结构打造的蛋糕紧身胸衣有着非常性感的轮廓，同时也很甜美、精致与摩登。有些颓废又有一定的秩序感，介于成衣与内衣之间的设计，这为自信的女性提供非常多元的选择。

摄影：卡洛斯·卢克（Carlos Luque）

页码294～295

莫伊塞斯·涅托
Moisés Nieto

莫伊塞斯于1984年出生在西班牙的乌贝达。他在家居设计、广告和平面造型设计方面的学习帮助他建立了良好的美学基础。后来在服装与板型制作方面的学习，为他将创作转移到服装设计铺平了道路。2010年在马德里的米兰欧洲设计学院完成了专业的服装学位学习。上学期间，学校给他提供了在荷兰阿纳姆时装周上与设计师卡尔维斯·范·恩格伦（Klavers van Engelen）近距离接触的机会。在他学习的5年中，他同时还是一名插画师。在马德里时装周上，他作为设计师安东尼奥·阿尔瓦拉多（Antonio Alvarado）时装秀的一名助手参与了该活动。后来他有了自己的设计作品，在西班牙安达卢西亚南36-32N完成了秀展。作为设计师的他也赢得了一些奖项，例如，在2008年的Una Novia de Impresion比赛里获得了好成绩，在2009年黛安芬国际时尚大奖中，作为在大量选手中胜出的选手而走到了最后。

设计定位

我注重考虑女孩们本身特有的气质，无论她们将要去哪里或是已经去过哪里，都很难拒绝一位时尚灵魂饱满的女性。当定义我的目标时，所期待的这个缪斯来自于19世纪西班牙画家罗梅罗（Julio Romero de Torres）打造的世界，也可以说是我创作的灵感源泉。对那些匿名的、名不见经传的、被不公正地忽略到九霄云外中的女性进行观察，她们身上的那种不可思议的疑惑以及感受驱使着我用同样的精神来给她们创作服装。她们适合于一些材料，颜色也多样，远远超出我们所说的灰色标准。19世纪的革命展露了女性在时尚造型中具备的无装饰、简约与显著奢华并存的美。这才是最完美的她。

灵感来源

　　西班牙的历史和它的服装发展史是我作品系列的主要灵感来源。不同的社会风貌以及对奢侈的禁令让我深深感受到精致的黑色和传统手工艺等品质的美。我运用了略带夸张的手法将西班牙16、17世纪的线条与造型进行重新演绎，并拿到现在来使用。本质上还是有些奢华，但是，符合流行趋势的美，这和我们所理解的大多数人穿着都比较平庸这一点是截然不同的。简洁的线条里充满着复杂的结构，忽略松量并在后处理与装饰中增加一些细节。在材料的组合搭配中寻找一种创新，如氯丁橡胶和黑色是这个系列的基础，在身体上运用防水材料以摆脱松量的限制。我把这样一些高科技材料与有机材料混合在一起，如皮草、精缩羊毛绒呢、针织品和雪纺丝等。为了达到更高的要求，我重新改良了由柏林市场得到的旧毛皮外套（有狐狸、兔子、俄国羊羔皮等）并且通过修剪部分毛皮，彻底地改变了它们的设计和形状而打造出全新的视效。饰品是由植物纤维制造的，例如经传统加工的针茅纤维草（在我的家乡是一种很受欢迎的艺术），提供了一种简朴奢华的新鲜感。我以质朴的素材作为我整个创作的基础。朴素的颜色当然也必不可少，而这些色彩饱含在材料和纹理中却是非常丰富的，特别是在有光的条件下。

设计创作

　　对于我的任何一个系列作品，在创造的过程正式开始之前，一定要充分考虑整个设计的构思。在此我先从坯布以及支撑物的设计与放量开始。采用人台做尝试是最基础的一部分，当然一切从人台开始。对于我来说，在人台上观察服装造型的变化以及进行修正是打造符合我的设计要求的最好手段。当然，我也尝试用设计草稿和效果图来完成服装造型的设计。而所有的设想都必须在人台上得以充分肯定才行。因此，整个设计需要经过以下过程而得：所采纳的技术手法以及相应的规格、板型制作、裁剪与缝合等。当我制作出衣片时，我便会更加喜欢我的工作。由于使用纳帕羔羊皮以至于胸部的省道不能有缝合线迹，因而塑造出一个特别的容量。裙子也遵循同样的过程，没有明显的缝合线迹。服装上两个不同的块面在材料与线条方面都有鲜明的对比，当然它们又巧妙地组合在一起。

页码298～299　摄影：卡洛斯·卢克（Carlos Luque）

作品风貌

　　作品使用了一种当代精神，对16～17世纪那种质朴的美进行诠释。纳帕羔羊皮有机材料和白色氯丁橡胶技术材料组合出一种与众不同的视效。裙子采用柔顺且对称感强的线条，主要想体现出一种朴素而轻盈的美。肩部有廓型感的上衣更凸显了女性的曲线美。配饰是专门为此造型设计的。鞋采用南西班牙传统的羔羊皮和针茅纤维草制作而成，帽子是手编针茅草而得，并配以精美的金链。

妮瑞·卢格恩
Nerea Lurgain

www.nerealurgain.com

妮瑞·卢格恩（Nerea Lurgain）出生于西班牙的圣塞瓦斯蒂安。她在巴斯克大学学习纯艺术并获得了相关的学位。之后，由于她对时尚艺术的狂热喜爱使得她搬迁到巴塞罗纳，在IDEP Image设计学院学习服装设计。妮瑞自身的纯艺术学术背景，使得当她转到艺术与设计的领域时，多了一些与众不同的构想、寻找创作来源的思路、工作方法以及技巧等等，以至于在时装设计方面有自己独到的解析。她在时装设计方面的天赋和对时尚的敏锐感知度也提升了其个人的价值，由此，加泰罗尼亚政府选择了她参加布雷缩项目，这个项目也是时尚研究机构中比较优秀的设计项目。妮瑞参加了由ModaFAD与080循环时尚秀组织的竞赛，2007年这场秀在Suspect Club与CCCB（当代文化中心）都进行了展出；同时也参与了在巴塞罗纳的"Bread & Butter"展览。妮瑞·卢格恩的设计作品先后参加了位于西班牙国内外的一些展示及展览，包括080巴塞罗那时尚展览、Andalucia de Moda展、中国大连国际时装周、巴塞罗那的Fashion Freak展、马德里时装周和中国国际服装与纺织品展。

设计定位

我的这位心目中的"It girl"生活在非商业区并且从孩提时代起就与艺术世界有着深深的关联，闲暇之余的她非常喜爱花卉。她不希望自己的生活被传统束缚而显得乏味，她对很多有意思的事物敏感度高。在她穿衣打扮时，喜欢的格调是舒适的、独特的、经典的，这些能够完美地与她赋予魔力的个性和魅力相匹配。

灵感来源

　　灵感多是来自于艺术，无论是一些艺术活动思想还是一些具体的艺术作品，然而这些都需要基于她个人的理解与体会才能转换成灵感来源。其中一个例子来自于她的这个新系列，灵感源于我们所存在的地球上的一些自然元素。每一季都有艺术家被邀请参加到创作的过程中或是用其他的方式来丰富整个系列。音乐家、雕刻家、丝网印专家、大地艺术家等经常应邀加入品牌的设计中为之提供新鲜的想法。面料方面首选的是天然纤维材料，如棉、竹、麻以及羊毛等能够用于制造舒适且高质量的服装面料。所有的印花处理都是独到的，一些时候因为艺术工匠的手法很精致而显得与众不同。丝网印花与数码印花以及刺绣工艺融合，褶皱的效果和精致的细节不可或缺。色彩有大地色、宝石色，以及红、灰和黑色混合的矿物色。

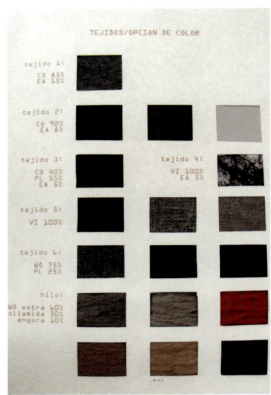

TEJIDOS/OPCIÓN DE COLOR

tejido 1:
CO 85%
EA 15%

tejido 2:
CO 92%
EA 8%

tejido 3:
CO 40%
PL 55%
EA 5%

tejido 4:
VI 100%
EA 5%

tejido 5:
VI 100%

tejido 6:
WO 75%
PL 25%

hilo:
WO extra 60%
oliamida 30%
angora 10%

设计创作

　　对于我来说，重要的是哪种面料可以被更好地诠释。在这次的设计表达中，面料需要表现出地球温馨的一面，因此采纳全天然的纤维。正如你在图片中所见，圆形使人联想起自然的完美感受。由此，我决定采用环形的针织和经编织物面料。按照我们想要的结果来处理针织织物，其过程是非常艰难的。通过不同阶段的验证，首先是在人台模型上试样，然后是模特的试穿等，这样才能找到我们渴望的造型与轮廓。

作品风貌

　　在红色围巾映衬下的女神身着土耳其式长袍配以紧身裹腿裤，一幅波列罗舞的生动场面。波林女神着一件中央有印花纽扣的跳伞大袖装，红色打结针织围巾缠绕在裸露的脖子上。基于树木造型的图案印花是由一位应邀的艺术家创作设计的。总体造型非常生动有型。与整体服装风貌相吻合的颜色与线条等使人联想起大自然中的森林。

奥马尔·阿西姆
Omer Asim

www.blow.co.uk/omer

苏丹裔设计师奥马尔·阿西姆在伦敦经济与政治学院学习社会心理学硕士课程之前，在伦敦大学巴特利特系学习建筑设计。他曾在联合国发展计划项目中做过实习生，在他决定从事时装设计之前，他不希望自己成为一个心理分析学家。恰恰是社会的影响和他感性的一面，加上他在联合国工作的经验以及他的背景，曾经有过的学术经历以及建筑方面的知识等，使得他探寻着把这些联系起来反映在设计上。他所传递出来的设计特点明显，对当前社会一些潜在问题有着批评性地思考，按照建筑构造的方式隐藏在服装的板型细节结构中进行表现。这些导致了其作品中的高度塑形感特征。在从事服装设计以来，他在微微安·韦斯特伍德（Vivienne Westwood）品牌积累了一年的经验，为电影《哈利·波特》做戏剧服装助手。2009年在伦敦时装周的On/Off展上，奥马尔·阿西姆展示了他的首秀，之后的每一季展几乎与伦敦时装周同步。他崭露头角的设计得到了时尚类的专家和媒体的好评。

设计定位

我心目中的她是与众不同的一位"她"，追求舒适与充满着自信。"她"知道什么是最适合她的并且乐于尝试新鲜的事情。她认为时尚多少需要些滋味，而对那些随波逐流的流行时尚有时表示怀疑。她很自我，对于如何着装有自己的观点。她崇尚自然，她比较关注生态、绿色、时尚，而流行的一些物件并不是她的重点。高品质、手工感强且不太那么奢华的设计是她的首选。更重要的是，在每一个人的面前，她从不炫耀。她是高贵的，且酷劲十足。

灵感来源

　　我对那些在人类还没有进入现代化之前的服装很感兴趣，因为那是一种兼具简单与复杂之美的迷人设计。起褶的胸衣设计，其概念来源于摄影师卡尔文·卡特（Kevin Carter）于1993年苏丹城市战争中所拍摄的照片。这组照片使得卡特获得了普利策大奖，并且他将这一切带到了他的生活中。我想如果你看见了这些图片一定不能忘记，因此我希望把我的第一个系列与这样一组照片的记忆强烈联系起来，并且发现似乎在设计系列里能够看到照片的存在。后来我找到了与摄影师卡特所塑造的格调完全不同的斯皮克·维瑟（Sipke Visser）的图片。我设计了一件紧身上衣如同捕食中的秃鹰，以仁慈和宽慰来迎接死亡，并且以一种突显本能的感觉通过混淆的美来尝试着表达。关于织物，我喜欢选择表现力极强的那些材料，如坚硬的材料，或是棉质蝉翼纱、丝质纸、色丁欧根纱和透明丝织物等，或是柔软的一类材料，例如，水洗棉、较为粗糙且柔软的针织物、巴厘纱、雪纺以及绢网。材料无论软与硬，它们都是天然纤维织物，而无意中发现的一些人工合成材料也不错。在这次设计中，我使用硬朗的丝质纸去打造3D褶皱，而用较为厚实的棉质材料作底。柔和的颜色是我的切入点，但是偶尔也会迸发出强烈的颜色，这取决于我的综合感受。几年前我认为一切都是黑色的才好。现在，我开始选择一些白色，偶尔选择草绿色和黄色。同时，一种特别渐变的桃粉色也很好用。

摄影：斯贝克·维瑟（Spike Visser）

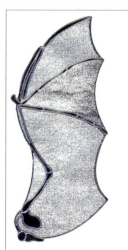

设计创作

　　我的许多设计是在创作、生产过程中产生的。我不太喜欢过多的草图。创作过程中我尽可能排除那些容易犯错的美丽陷阱和偶然事故。在做一比一的正稿之前，我会在二分之一大小的模架上进行尝试，这样可以加强并巩固我的一些创想。首先，我通过服装剪裁方面的理念进入设计的初创阶段。我从一件周身起褶的紧身衣开始，来激发贯穿在整个身体里的那种掠夺与惊恐。之后，通过逐渐加强的3D立体褶皱，并采用一种切成薄片的效果增加它们的透视感。之后整个躯体的造型便被分成了若干个部位，而这些部位所对应的褶裥由此而成就了一种轻盈的翼状结构。整个设计在没有草图的帮助下于人台模架上直接成形，这样可以帮助我找到最为真实的比例关系，从而拿捏住我希望获得的效果。设计中的美来自于有棱角的笔直线形，其中10组不同部位的褶皱设计，其尺度从中间的10毫米（大概0.4英寸）向周边的约40毫米（约1.6英寸）进行过度。通过精准的手工打褶方式与每一个部位相得益彰，并打造出一种多元的视效。裙子的褶皱处理同样如是，褶裥的尺度比较大，前后差将近5毫米（0.2英寸）。裙中的部位设计仿佛将我们带到摄影师卡特作品里所描绘的那些孩童的身上。所有的打褶都是手工完成的，每个褶都由底部一个测量好的循环针脚固定，以确保造型的稳定性。所有的褶皱都被固定与镶嵌在由打孔棉和坯布棉组成的双层底布上。基本造型是紧身合体的，包括打褶部分的缝合边。当多于两层的缝合聚集到一个点时，平缓的缝合层厚度要求良好的手工工艺处理。其他部分也同样适用此种方法。

作品风貌

　　此处的这3幅作品图片由奥马尔的摄影师朋友斯贝克·维瑟（Sipke Visser）拍摄，形象地展示了设计师那种丰富而超人的感性，回归自然以及一丝不苟的技术所打造的设计格调。同时，在服装时尚与建筑造型中所酝酿的一种完美结构关系——即轻盈、优雅、成熟的美被淋漓尽致地传达。

页码310~311 摄影：斯贝克·维瑟（Spike Visser）

奥斯特瓦尔德·黑尔加松
Ostwald Helgason

www.ostwaldhelgason.com

奥斯特瓦尔德·黑尔加松品牌由苏珊娜·奥斯特瓦尔德（Susanne Ostwald）和英格瓦·黑尔加松（Ingvar Helgason）于2006年创建。苏珊娜·奥斯特瓦尔德于1979年出生在德国的莱比锡城，毕业于德国哈雷艺术与设计学院，并获得服装设计硕士学位。英格瓦·黑尔加松1980年出生于冰岛首都雷克雅未克，在哥本哈根学习时装设计，而在伦敦学习时尚管理之前，在冰岛担任一名打板师。两位设计师因在伦敦的设计工作室从事时尚创作而相遇。在从德国政府获得设计资助后，他们受德国大使馆的邀请，于巴黎时装周在使馆内展示了他们的第一个系列。后来，于2008年在柏林时装周之际，他们作品的一部分作为青年才俊项目进行展出。他们将裁剪与立体造型很好地融为一体，塑造出一种温文尔雅的结构风范，这已经成为该品牌的标识。他们的工作方式是两个设计师都需要对整个的设计理念以及最总的设计造型负责。而奥斯特瓦尔德更多地关注色彩与印染的设计工作，黑尔加松主要是在服装的造型方面投入更多。通过使用特制的印染设计、强有力的色彩表现以及对现代时尚的诠释，所打造的时尚态度使他们的品牌受到了如达芙妮·吉尼斯和蕾哈娜等的关注。

设计定位

依据每一季不同的设计理念，奥斯特瓦尔德·黑尔加松所表现的这个"她"也是不一样的。这一季的"她"是一个非常活跃的女孩，"她"的业余时间多用于游泳、拳击、击剑等运动。而在晚间与朋友们聚会时的首选则是那些外观丰富且材质多元的服装。设计师们尝试着将不同的口味进行混合，如同塑造一位出席在正式宴请场合的拳击女郎。

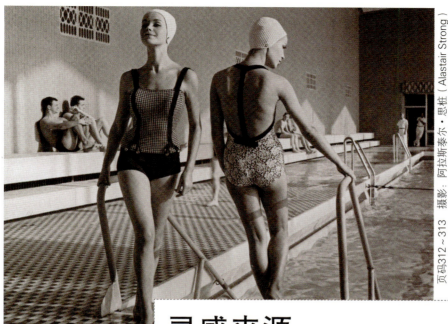

页码312~313 摄影：阿拉斯泰尔·思桩（Alastair Strong）

灵感来源

　　这个系列参考了日本建筑室内设计中的一些用料，如漆质材料，竹子、草编垫和插花（日式插花），并且与一些素材相混搭，如运动式样的服装、特别的图形图案、干净的线条以及老照片中强烈对比的格调等。奥斯特瓦尔德·黑尔加松不断延续着他们所塑造的时尚风貌：在通过对色彩以及服装轮廓和细节造型的微妙处理所塑造出的全新设计里，折射出真实存在的事物本质。贴切而丰满的织物肌理来自于软硬兼具的色丁丝、意式双面羊毛织物、抛光皮革、硬朗且松软的马海毛针织物等的组合运用。弹性网眼材料以柔软的纳帕皮革饰边处理，混合后的轻盈感充斥着整个系列。色彩为细腻的木炭混色、铁灰色、米色、灰白色和黑色，并结合高调的冰蓝色、霜绿色、橘色以及深粉红色而得。

P.314+315_Photography: Alastair Strong

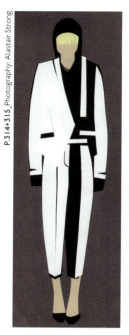

设计创作

　　我们在草图上包括对织物的研究所涉及的肌理以及准备用以此次设计的印花等多项内容做充分且努力的尝试。最终设计图稿如上图所示。事实上，我们的设计如同完成拼贴画一样，将我们所需表达的内容组合在一起。因为喜欢对比强烈的设计，由此在织物中混合了透明材料、羊毛与皮革，从而传递不同的视觉感受。在这几页的画面中我们展示了一些使用比较贴切的面料、印花和色彩在样衣的创作过程中实现的设计。对于最终的设计我们将展现四个不同的方面：白色夹克在黑色短裤的映衬下，配合透明的上衣和纳帕胶质手套。为了所有的线条保持无瑕疵和非凡的构成感，所以在构造中夹克需要特别地处理。这里我们展示了最终可调节长度的大开领麻质材料夹克。

页码316~317 摄影：阿拉斯泰尔·思桩（Alastair Strong）

作品风貌

　　此次作品是针对一位充满活力的女性而打造的时尚设计，因而略带些运动感的线条充斥着整件服装（这些非常吻合她的时尚态度），而同时她也喜欢那种舒适而精致的风尚。为了增加对比感，精心剪裁的羊毛夹克与一条酷似俄国羊羔皮的针织马海毛运动短裤相配，同时点缀着闪光纳帕皮革手套，一件纯粹运动连帽上衣和一双黑色及膝高筒靴都是不可或缺的。

瑞琪尔·弗莱雷
Rachel Freire

www.rachelfreire.com

　　时装设计师瑞琪尔·弗莱雷一直以来活跃在伦敦，并于2009年2月在伦敦自然科学博物馆举办的秋冬季时装周的On/Off展中发布了个人首秀。她的作品常常引起媒体的关注并被大量地报道，诸如 *Tank*、*Dazed and Confused*、*AnOther*、*Zink*等。她为很多知名人士定制时装设计，如当红美国摇滚朋克乐队"The Gossip"的女主唱贝丝·迪托（Beth Ditto）、美国著名流行歌手和演艺人克里斯蒂娜·阿奎莱拉（Christian Aguilera）以及歌手蕾哈娜（Rihanna）等。她在2006年获得了中央圣马丁艺术学院的表演艺术设计的学位，在制板和裁剪方面她是自学成才，没有从事过专业服装设计的学习。戏剧性极强的传统服饰艺术以及对未来充满了想象力的设计能量驱使着她完成自己的创作。

设计定位

　　这是一位在穿着上令人刮目相看的女性，即使是撕裂的服装边缝也不会影响她的惊艳。她生活在硝烟弥漫的大都会，她性感美丽并且向往着安逸与舒适，希望服装能够给她带来这一切。我心目中的她认为时装是可穿着的艺术并在举手投足中流露出这种快乐的感受，希望通过以被喻为第二层皮肤的时装来充分展示出自我，特别是隐藏在时装外在表现下真实而强有力的自我。富于道德规范的时装并不是那些看起来很乏味的棉质服饰，这件服装如同一所极具空间感的建筑，在起伏跌宕的人生中，我们应该用什么样的经历与过程来充斥着它，而这种写照才是设计中应该表达的内容。

灵感来源

　　雌雄同体这一概念在当今时尚界比较多地被引用，这是游离于不同性别之间的一种概念。我的关注点是如何将极具男性化以及女性化特征的设计元素进行对比、平衡，以达到较为和谐的设计状态。颓废感十足的细节采用手工制作打造，并不断进行完善。我心目中的服装造型是有着制服服装所给予的那种跨越时空的永恒美，这种形象来源于我们的记忆中、故事里以及电影胶片上，如今希望将之转换为真实的造型，从多种素材中汲取灵感以打造更精彩的富于历史文化感的设计。材料上进行了组合与混搭，如具有摩登感的高科技材料与精美细腻的面料相结合。好的材料不可少，还需吻合当前的时尚潮流，例如，高质量的皮质材料等。喜欢快速更新而经常更换时尚的那一代人，需要高品质且可持续性的设计质量来放慢他们的脚步，以至于在他们需要的时候才进行更换。至于面料，我选择了皮革、雪纺、钻孔粗帆布以及莱卡和羊毛织物、网眼材料等，还有一些仿生材料，如仿鲑鱼、黄貂鱼材料等高反光面料。我喜欢的颜色有裸色、黑色、金属银色、金色、古铜色、浅灰蓝色、柔和的大地色以及军褐色。

IF IN DOUBT, SPRAYPAINT IT GOLD

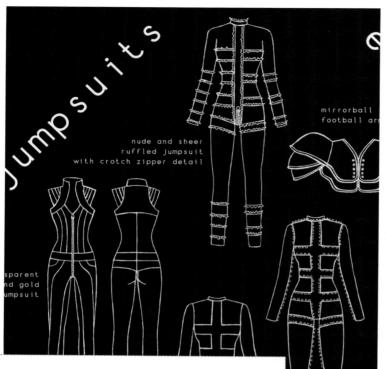

设计创作

　　对于我而言，创作中最激动人心的即是将服装分解成不同的块面并进行组合设计。基于这一点，运用服装的分割线这一元素做了比较巧妙的衔接设计。为了充分表现其女性化的特征，采用了荷叶褶边做边饰并将之作为透明网眼材料与本料连接的嵌边，这块网眼材料若隐若现时性感无比。而当光线非常强烈地从正面直射过来时，材料的光泽感又能将躯体的廓型打造得十分火烈，并加强了整体曲线的造型美。在增加细节设计之时，唯一与整体所塑造的柔美且富于弹性等感觉格格不入的即是在低胯位使用的重金属拉链，这是一款非常调侃且性感的装饰品设计。裸色的使用，能够让我们感觉到躯体的多变；黑色看起来更加紧身且性感，还有一种超级无敌未来战士之范儿。在一些不同服装版本的设计中，作缝衔接处增加了些许环圈等细节，以固定因随时移动而变形的材料，从而为紧身合体的结构造型打造出行云流水般起伏跌宕的自由曲线埋下了伏笔。

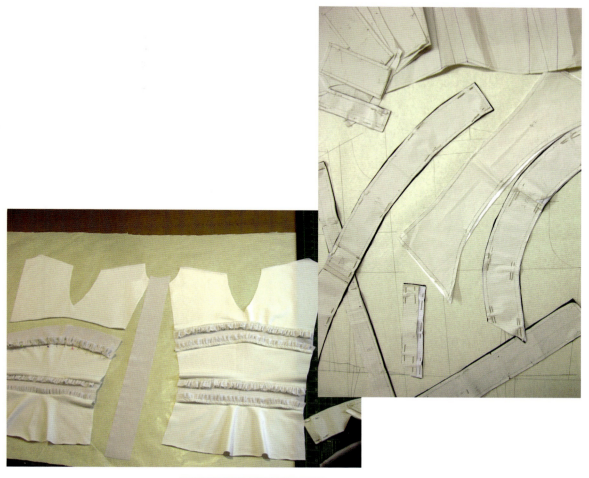

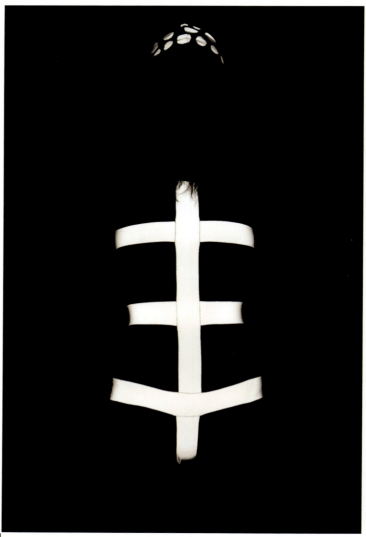

作品风貌

　　这一服装概念被瑞琪尔·弗莱雷进行反复推敲并打造成2010～2011秋冬的一整套服装系列。该设计围绕着女性躯体的体貌展开设想，并充分展示躯体活动的自如与多变，当然也塑造了一种极为错综复杂且装饰感强烈的系列设计。这些服装可以单独造型，也可以用作打底穿着，当然都是极具瑞琪尔·弗莱雷时尚范儿的。目前所示的3张图片，分别展示了三种不同的紧身造型设计：黑色、裸色和反光色。

拉斐尔·豪伯
Raphael Hauber

www.raphaelhauber.com

德国设计师拉斐尔·豪伯于2010推出了他的同名品牌。他在德国下莱茵科技应用大学（Hochschule Niederrhein University of Applied Sciences）学习纺织品和制衣技术，并毕业于德国普福尔茨海姆大学（Pforzheim University）的时尚设计专业。从那时起，他经常参加贸易展和时装秀等，如东京的Dune展览、Projekt Galeria展、Bread & Butter展览以及柏林的Ideal展，还有巴黎的Rendez-Vous展览。时尚对于设计师豪伯而言主要意味着变化，每一个即将成为最终设计的那些部分不会过早地被提及和描述成它们将是什么样，而是将它们作为最终作品展示的一部分进行构思。他认为作品在展示与呈现时，无论是在时装秀、表演时，还是Video制作中，这种展示设计与服装本身的设计是同等重要的，因为它能帮助设计师更好地再现其设计构想。他同时认为流行趋势并没有那么重要，但这并不意味着他不关注流行。他愿意像是一个DJ那样去创作、做小样并进行混合再创等。拉斐尔·豪伯的时尚风格男女皆适用。

设计目标

他们是时尚而摩登的，充满好奇心并富有创造力。他们有着非常自我的生活方式并伴随着些许冷幽默，他们思想开放且激情洋溢。他们有着和我们对周遭非常接近的感觉，对自己所要做的也非常清楚。

灵感来源

　　我们当下正处在一个不断变化的社会中，以至于人们不停地去感知与变化，不断认知所处的环境以及真实所在，但对即将发生的事情很难拿捏得好。"寄宿者们"这个概念对我的影响很大，当然也是我的主要灵感来源，他们是当下生活方式中的游牧民。围毯作为象征这个概念的一个符号，正如它用一种非常简单的方式去归置那种有限的空间。我将采用印花牛仔布、人字形图案的亚麻布、丝绸面料以及棉等。色彩上选用明亮印花色与黑色做对比，这让人可以联想起碎呢围毯。

设计创作

　　整个设计源于"寄宿者们"这个概念，并由那些具有游牧精神的时尚素材来组合而成。由多彩色牛仔装、T恤衫和短夹克及那些既实用又优雅的日常穿着单品而构成。多彩碎呢围毯作为满底印花色与黑色和白色一起相得益彰。一些略带方形和椭圆形的线条被用于服装的造型与细节设计中。这些最终穿着舒适的服装采纳的是一种中性的廓型，从而能适用于男装和女装。

作品风貌

当对"寄宿者们"这个概念进行有趣地延伸与拓展时，我们用以下的一些组合风貌进行诠释。在这一页所展示的设计里，裤子混合了碎呢围毯式样的印花图案，由黑色、白色以及其他多彩色混合而成，同时搭配的是一件宽大的黑色T恤。在下页图片里，展示的是有着同样色彩印花的男士夹克和裤装组合式样，另一款女装式样（紧身裤搭配短夹克）里有着被逐渐扩大延伸而变化的黑白印花图案设计。这个作品表现了设计师拉斐尔·豪伯对于印花技术设计的精通与合理运用。这些原创感十足的设计非常休闲实用，其造型吻合那些活在当下的很多人们。

罗伯特·扎乌利帕
Roberto Zamarripa

www.myspace.com/caballosazules

　　艺术家罗伯特·扎乌利帕1984年出生于墨西哥，以优异的成绩完成了平面与视觉传达的学习。在时装设计、摄影和现代舞领域，他已经拥有自己特有的技能和专业经历。他的工作是在当地一家时尚杂志做艺术设计指导。与此同时，他还与墨西哥一些不同杂志进行合作，实施一些艺术创作的独立项目和宣传，涉及的有视觉艺术与行为艺术等。他的作品还出现在诸如*Indice de Artistas Plasticos de Jalisco*等期刊上。他承担过时装设计、平面设计以及广告学等课程的教学工作，并乐于与他人分享自己的经验。在时装设计方面，罗伯特是此时尚品牌的创建者，在墨西哥时装周、墨西哥国际设计师博览会以及密涅瓦时装周上，展出了大量的成衣系列作品。现如今，他已经逐渐被大家所熟知，2008年获得了由墨西哥国家纺织工业联合商会颁发的Nuevo Talento和Talento Textil奖项。并且他的一些作品发表于时尚预测网站，如WGSN。

设计目标

　　一个包容的、完整的、真诚而充满智慧的女性或者男性，热爱生活中的美以及事物的本质，并用自己的方式去思考和传达。他/她是一位摆脱固有风格的时尚者，无处不传递着美丽，因为这种美丽来自于他们的内心。

灵感来源

　　我从这样一些灵感素材入手：现代摩登感、重新定义、再创、风俗画、自然流派、搜寻与探究、当前对美的思考、想象力以及造型转换的审美标准等。通过对服装结构造型的理解，表现出内容上给予外在所带来的美。采用最易传达与交流的面料表现出事物本质所具备的客观美并进行融会贯通。我非常注重颜色和线条，通过对比并忽略它们的界限再进行表达。在对面料、色彩以及织物肌理不断混搭的过程中延伸设计创作。换句话说，这些选择不仅仅是为了反映在创作中灵感素材的使用，更是为了这些材料能够最好地构建出创作理念的设计桥梁。为了打造一件真诚而独一无二的设计，远离时尚而塑造出具有悬念的线条设计和显而易见的色彩组合是我的首选。

设计创作

　　创作过程中最重要的部分是概念的产生，对于它的融会贯通所进行的调研与探讨，并在此基础上获得的结果，能够更好地支撑整个创作。这个概念源于很多不同素材的组合，包括我们听到的声音、衍生出的线条、情感故事、色彩肌理等。重要的是其设计结果不仅仅是外在的审美表现，而是设计中真实情感的自然流露。对于我而言，将创作时刻所获得的感受构建成完整的交流是非常重要的，在此有一些设计是通过这样的语言进行传递的。图片中的设计草图反映出比作品实物更多的内容，我喜欢用这种方式来传达我的设计意念，尽管它们只是效果图。首先，这件无袖T衫在肩部用本料进行编结并完成一定的装束，同时搭以缕缕头发从肩部悬垂下来进行造型，其次是由印染花卉填充的紧身裙搭配短小上衣。整体上的线条较为简约，目的是突出细节，希望这些代表了总体设计精髓的细微之处能够快速抓住你的眼球。

作品风貌

　　作品通过两种方案来反映设计的结果。这个图片里采取非物质化身体的一部分，塑造部分形象的消亡。头发隐藏在模特用长筒丝袜覆盖的头部，服装上显现的部分寓意着设计的独到理念。下页的这幅作品由几个部分组成，高腰印花筒状裙装搭配的是黑色上衣以及肩袖处的设计与变化。头部花朵造型设计源于具有浓厚墨西哥民间传统式样的服装。下边的这张图中服装选用的是海军蓝色T恤衫搭配黑色短裙，肩部搭垂的带子与上衣同料，隐约透露出些男孩子气概。

西蒙·埃克里乌斯
Simon Ekrelius

www.simonekrelius.com

西蒙在瑞典的斯德哥尔摩长大，并在那里学习了时尚设计、艺术史和插画绘画。他毕业于斯德哥尔摩的Tillskarar Akademi学院，他的毕业设计系列作品获得了当年瑞典运动装国际时尚大奖（SIFA）之一的荣誉。他在2006年创立了自己的高级成衣品牌，在这之前他已积累了数年的经验：为一些广告项目以及私人客户做高级时装定制，同时服务的还有BMG公司、英美烟草集团以及美国箭牌公司。他非常迷恋当代和后现代建筑学，并且这些对他的设计风格影响很大。他的作品特点是运用大量的印花，结合较为精致的面料，搭配不对称的裁剪，并表现出略带讽刺与幽默的格调。2008年，他的高级成衣系列在巴黎时装周首次展出。之后，他的作品相继出现在伦敦时装周的On/Off展览上。由他设计的作品被选为参与唤起人们对艾滋病毒/艾滋病意识的时尚爱心活动。他的品牌设计一直是众多明星的最爱，如名流艾莉森·戈德费普（Alison Goldfrapp）、嘎嘎小姐（Lady Gaga）以及2009年伦敦时装周的时尚造型师格蕾丝·伍德沃（Grace Woodward）。

设计定位

她很独立，从风格和造型来看，她总是坚持自己的时尚姿态，从来都不是一个追随者。她是那种能够带动你发现她的时尚新动向的女孩。她掌握着自己的未来和过去，她就是这样。

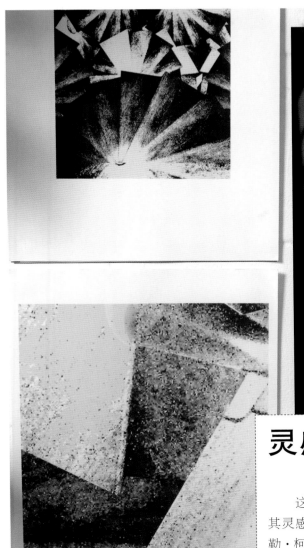

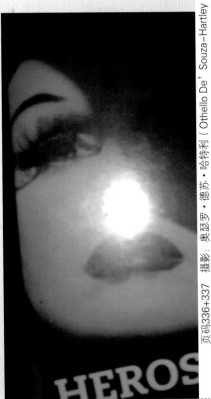

页码336+337　摄影：奥瑟罗·德苏·哈特利（Othello De' Souza-Hartley）

灵感来源

　　这款连身衣裤来自西蒙2010/2011秋冬系列设计，其灵感源于1958年布鲁塞尔世界博览会上的设计师勒·柯布西耶（Le Corbusier）的飞利浦馆，特别是在造型和设计姿态方面对该服装系列影响比较大。它引领着我们向高处仰望并联想到了宇宙万物，我被早期观察太空空间的方式迷住了。此次设计中所打造的女性形象也是整个早期科技故事的一部分。电影《赫洛斯塔图斯》（Herostratus，1967年）的封面形象成为了我这次整体造型以及时尚姿态的灵感来源。

设计创作

　　对于我来讲，设计创作中最为重要的是构思阶段，这种构思可能随时出现在创作中的某一个阶段。一般而言，开始的阶段想法无需太多，直到我的创作概念越来越清晰明了并且能够在画面进行表现与传达时，才会加以整合并构建更多的想法。接下来，我可能会把自己关在工作室里做一段时间的创作，通常我需要一个半月的时间来完成整个系列设计。作品的创作一般基于一定的设计灵感，因此，寻找最好的表达方式包括来自技术以及艺术等，来再现设计创意中的最美感受是至关重要的。只有确凿了整体色调以及相关用色，我才会开始选择用料。在使用最终的面料做实物之前，我偏向于运用大量的棉坯布做实验，因为不断地通过这样一个调节和协调的过程，设计才会更精准、更美观。对于这样一件连身服装，我选用了针织丝绸织物，希望打造出优美曲线的视效，保持皮肤与面料之间那种恰如其分的距离，并在肩部给垫肩留出一定的空间来。服装上的印花以及剪裁基本上反映出创作构思中的灵感素材：速度、能量以及对一种未知事物的探索与感受。

页码340 摄影：奥赛罗·德苏·哈特利（Othello De' Souza-Hartley），页码341 摄影：吉尼·帕克（Jenni Porkka），造型：莎莎·雷恩博（Sasha Rainbow），化妆：阿夫顿·R（Afton R）

作品风貌

　　西蒙·埃克里乌斯钟爱这种"超越巅峰"的感觉，这在很大程度上决定了他看待时尚的方式。他的模特非常清楚如何展示出蕴藏在图案印花以及连身裤造型中的格调，她很有时尚的感觉，就如同在舞台的中央而被聚焦。这件服装既可以单独表现，也可以套层与其他衣物配饰等组合表现。它还可以与其他图案进行混搭，或是选择素色。

摄影：呢金·马克（Arjan Mak）

斯佳克·贺立克斯
Sjaak Hullekes

sjaakhullekes.blogspot.com

男装设计师斯佳克于1981年出生在荷兰济里克泽的一个小镇。后搬往阿纳姆，在ArtEZ艺术学院学习时装设计，该学院因曾培养出亚历山大·凡·斯洛博（Alexander van Slobbe）、卢卡斯·奥赛德捷夫（Lusca Ossendrijver，法国高级时装品牌Lanvin的男装设计师）以及维克多罗夫（Viktor & Rolf）等知名设计师而闻名于世。斯佳克于2005年毕业，毕业后，斯佳克与他的老同学兼搭档塞巴斯蒂安·克莱默（Sebastiaan Kramer）成立了自己的安海姆时装公司，自2006年1月起，他俩曾一度为了在时装界取得立足之地而各自为一些时装公司工作过。安海姆时装公司成立一年之后，在阿姆斯特丹时装周上，他推出了自己的成名男装品牌。斯佳克是公司的创意总监兼设计师，而克莱默则负责公司商务、销售以及公共关系等其他环节。2008年，他们通过在巴黎及米兰男装时装周上的秀展将自己的设计推向了国际市场。他们高质量的设计作品使其品牌获得了广泛认可，并于2009年11月博得了梅赛德斯—奔驰荷兰时尚大奖。

设计目标

他是一位时髦且情感丰富的男性，他拒绝庸碌的生活，积极尝试，因而将生活变得浪漫而富有传奇色彩。同时，他也非常勤奋，他通过欣赏包括艺术、建筑、时装以及其他艺术物件等作品的美来获得内心的平静。虽然他生活在浮华的大都会，但在他的内心里有一个超越现实的世界，一个来自与他童年记忆中较为接近的纯真无华的世界。正是这样的精神世界，使他成为一名懂得享受生活又有些多愁善感的绅士。

灵感来源

　　独一无二且精巧微妙的手工艺品蕴藏着一种非常温馨的怀旧之美，20世纪70年代的汽车、干草堆、森林，海滨度假城市里维埃拉的日日夜夜、古董以及包豪斯设计等，那些已随着时光流逝的美好是如此令人遐想。使用的面料是适合夏季穿着的男装材料，裤子、衬衫以及披巾采用了精纺色织条格面料等。我喜欢表现男士细腻而敏感的一面，就像我为设计目标所定位的一样，因此我经常使用透明质感的面料来呼应我的设计。由于设计目标中的那位"他"充满自信，所以他更乐于驾驭直率且富于表现力的面料，因此我在为他设计的夹克中使用了大孔网眼面料。同时采用了精美的撞色棉麻面料与网眼面料形成冲击受众眼球的视觉组合，所有的面料均采用高质量的棉及麻。自然中性的色彩一直是我坚持的选择，而在这款套装中所使用的自然色彩鲜明地强调出设计目标中定位人物的性格特征，该套装适用于各类场合。而通过棉、麻这些天然纤维的使用，也使自然色彩悄然表现出一种轻慢从容之感，从而赋予了些怀旧情绪，暗示出着装者所缱绻的旧时乡村生活。

创作过程

　　对我来说，创作中最重要的事情是在设计开始之前确定我所要使用的面料。通过亲手接触这些面料及其质感，才能更好地获得服装设计中的灵感，并用于草稿和效果图的表现。在此情况下，我所绘制的总体效果图能够较好地体现所期望达到的创作目标。服装中的衬衫采用略大尺寸的廓型，暗兜和细条纹棉布的选用希望赋予衬衫多一些的情感。精致而简约的胸袋比普通款式大些，从而增添些许乡村生活情调。直身底摆、手工缉线缝制的领子和克夫以及我个人版本的"美式"袖口克夫等设计，赋予了这件大码衬衫独特的味道。裤子的门襟及口袋均为手工缝制，裤腰内侧为箱型褶，所有的口袋均采用贴边设计。对于裤装来说，良好的板型与精致的细节组合往往会让人想起20世纪70年代的设计风格。大孔织棉网眼面料的材质组合给整体增添了全新的感受。网眼面料与棕褐色面料的结合强调出夹克外套的透明质感，并使其看起来更有"型"。棕褐色的棉布贴边装饰于夹克内侧，与门襟、袖口、袋盖及领子形成呼应。我的设计受众一般不会披带围巾出门，所以我最后为整套服装加上了一条小围巾。设计工作完成后，我的效果图就被直接转换为板型，面料也由我和我的助手一起负责裁剪。我喜欢按照我的想法控制套装的缝制过程，在缝纫工作期间，我不断琢磨出新的缝制方法及流程。整个作品制作过程中，样衣多次在人台上进行试穿，以此来确认整个设计正在按照我的想法一步步完成。

作品风貌

  最终，整个设计风貌基本符合设计师斯佳克·贺立克斯对于设计预期的效果。此作品由一身三件套及小围巾组成。模特桑德表现出斯佳克定位的典型目标特征：他是一位友善、清新且温柔，同时又充满了阳刚气概的男性，他的自我意识非常明确。时髦的邓迪风也是此件作品可以呈现的风貌。

堀内太郎
Taro Horiuchi

www.tarohoriuchi.com

日本设计师堀内太郎于1982年出生在东京。他的父亲是一位古董经销商，他的童年是在不同时期，如仿古的、当代的艺术作品中度过的。起初他在英国的金斯顿大学学习，后来他以优异的成绩毕业于安特卫普皇家艺术学院的时装设计专业。2004～2007年，他为拉夫·西蒙（Raf Simons）做设计助理，而在此之前在法国高级时装品牌Nina Ricci做实习生。他已经在多个城市，如巴黎、东京以及意大利等地区发布了自己的时装系列。堀内太郎参加了2007年的Diesel时尚大奖并且取得了好成绩，之后他为Diesel演绎了一个非常精彩的系列。2009年他创立了自己的品牌，并以艺术、建筑、自然等作为创作的主要灵感来源。堀内太郎认为自己的设计是对美的一种全新表达，简单、优雅，廓型线条的设计是其风格的焦点。堀内太郎追求的目标不仅仅是属于明天的流行时尚设计，而更是大家每天都能穿用的实用设计。

设计目标

我为男性和女性设计服装。但是，我更倾向于将男性的一些造型细节纳入我的创作中，使这些衣服在尺寸合适的情况下男女都可以穿用。现在有很多人过着平静而丰富的极简主义生活，他们甚至可以发现自己日常生活中最简单的美。他们不太喜欢高调，但是对于艺术、建筑和社会有着非常清楚的鉴赏力与看法，并且对美的评价有自己的把握能力。与此同时，出于他们机智而灵活多变的思维，他们也从不畏惧去接受新的事物。

灵感来源

　　创作时，我同时受到怀旧与未来两种不同时代艺术作品的深刻影响，对于怀旧的情有独钟是因为本人在充满那样的艺术氛围中长大。另外，我也受到反映某一历史时期的艺术作品和建筑结构的影响，因为它们也反映了一些年代的社会状况。我的目标是将这些事物以及素材吸收并融会贯通，在创作中通过对面料、产品轮廓、配件以及装置等的诠释而进行表达。基于这样的一种创作理念，如何传递美是最为重要的。我会选择包括纺织物在内的所有可能的材料，并试着通过人们对某些时尚的认同来筛选出适合这类人的精神与生活方式的表达。我致力于表现"多元的极简主义"——一种对多物质其本质上的混合与平衡。我的设计观点是受到了一些艺术家的影响，如当代雕塑家安尼施·卡普尔（Anish Kapoor）等。

创作过程

当我在着手创作设计时，我会先构想出一个我认为最美的设计蓝图。然后，我会想象一些具体的内容，如他们的性格特点、生活状态以及背景，还有他们最喜欢的材质等，这些创作过程对于我来说是非常重要的。当我在打造一个产品设计的时候，我不仅要考虑到什么样的材料成分能够获得我想要的面料效果，同时还要了解尺度上的需要，就像我们在设计时所面对的每一个组成部分，无论其特征及造型是或重或轻的，还是或大或小的，对于好的产品都同等重要。我的大部分的设计创作都是在日本的工厂里进行缝纫和实现的，并且选用了来自本土上好的丝绸和羊毛。下页图是一个秋冬款，主题上是具有空灵感的设计，是我和一位来自纽约的艺术家希斯汉姆·阿基拉·巴鲁查（Hisham Akira Bharoocha）合作完成的系列。我将他的设计制作成印花运用在服装的里衬和衬衫上。我认为将感光的色彩放在黑色上将会产生一种强烈的对比，并且对于产品来说有着非常大的影响。设计中将一些几何造型的线条有组织的利用起来，在被剪裁精细的外套、夹克衫和其他部位中表现出鸟形和鹿角的线条。另外，此系列的服装中还添置了隐形口袋的设计。

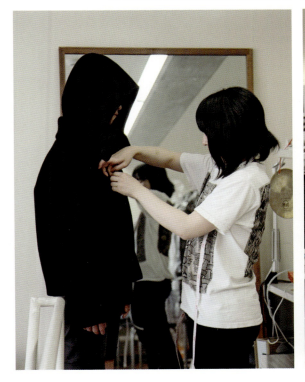
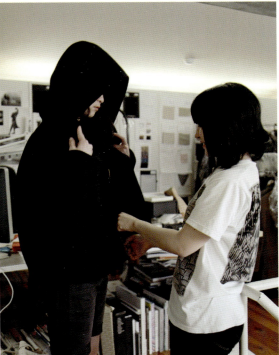

作品风貌

　　作品由两件质朴的、具有极简主义风格的单品组成，带有一种雕刻感而打造的一套服装，由Melton提供的材料是设计师堀内太郎一直都非常钟爱的。通过填充与衬垫在一定程度上塑造服装的容量空间，并采用黑色将服装所带来的强势形象进行柔和处理。墨镜、黑色的鞋子和一个金色的手镯共同组成了这一柔情精致且充满了自由主义精神的都市女孩形象。

特立独行者
The Individualist(s)

www.luiseandfranck.com

露易丝于1983年出生在德国的哈雷，在家庭的熏陶下，使露易丝对艺术和文化产生了浓厚的兴趣。19岁时，露易丝前往巴黎开始在巴黎学习经济学。后来，露易丝就读于法国的ESMOD，学习男装设计与裁剪。1979年，弗兰克在巴黎出生并迅速展现出在美学方面的天赋。从一所在当地比较知名的法国商业学校毕业之后，在法兰克&费尔斯（Franck & Fils）百货公司做销售经理。然而，弗兰克对设计的热情与向往致使他前往法国ESMOD学习时装设计。他先跟随比尔·托耐德（Bill Torande）和埃米雷·布尔戈（Eymele Burgaud）从事设计和制板工作，之后与露易丝一起经营Parisian 0044这个品牌。2007年，他们以"露易丝和弗兰克"这个品牌创作了第一个作品系列，赢得了许多国际时尚奖项，例如，2008年度法国第纳尔德节（Dinard Festival）青年设计大奖和2009年度日本东京的Shinmai创造者项目奖项。Shinmai创造者奖项帮助他们成功的在东京时装周上发布了2010年秋冬新款系列设计——Crying Light。现在，他们的作品以"特立独行者"这个品牌名发布。这与"露易丝和弗兰克"是同一个品牌，只不过换了一个新名字来体现他们设计的双重特性。

设计目标

"一切始于情感的表达……"——路易斯·费迪南·赛林。对情感与感受的把握是我们从事任何事情的原动力。因此，显然我们的设计受众是这样一群人：他们情感丰沛并充满表现欲，他们希望通过自己的穿着方式来与他人分享自身的感受。具体来说，这是一个摩登、强势且思想开放的男性，一个与传统的男性形成鲜明反差的男人，无所畏惧地展示着自己的恐惧和脆弱。同时，情感思绪等也是我们创造力的来源。我们的设计对象会是一位梦想家，或是一位多愁善感的诗人，他们有着充满幻想的情感世界。不仅如此，他更是一位善良、雅趣、懂得美且会欣赏美的男人。

灵感来源

　　灵感是个几乎无法解释的东西，若非要我们来诠释它的话，我想引用法国诗人查尔斯·彼得莱尔（Charles Baudelaire）的诗句："尘世之外的来客"作形容吧。我们选择的素材来源看起来比那些具体的事物显得更为抽象，但来自于我们日常生活中的真情流露，例如，在东京（我们喜爱的一个城市）的街头漫步，观看大卫·林奇（David Lynch）的电影，听安东尼·赫加蒂（Antony Hegaty）的音乐又或者痴痴着迷于奈良原一高（Ikko Narahara）的摄影作品中等等，都是激发我们创作灵感的来源。而我们的设计世界正是通过汲取着这些美妙诗句、怀乡忧思的情感以及理想主义者的养分等，才从而抽芽吐穗并茁壮成长。这些大概就是我们对于生活其本质的希冀以及我们试图在服装中希望体现出的东西。除此之外，我们还对那些能够引领我们设计出更加符合人性本质的内容进行充分诠释，这样的设计或许合体而略有宽松，尺寸超大但时而紧身、时而有趣、时而庄重，这些组合正如同人们身上所具备的那种双重性格。在我的创作过程中，寻找并处理面料是真正的核心环节。对我们来说，日本在天然纤维应用以及面料后整理技术方面是比较新且领先的，因而在面料的准备环节中，我们的工作室里就堆满了来自日本的面料。而在颜色方面，我们选用色调比较素净、空幻且私密的灰黑色调及浅蓝色。这些颜色会让我想起老旧照片的色调并感受到一种时空的空幻感，从而渲染出一种不寻常且又对比强烈的基调，时常给人以一种这些只是一闪而逝但似乎并未完全消散的色彩感受。

设计创作

　　我们认为，针对服装中整体的平衡感和细节方面等一些不足因素的研究，对打造最终的整体设计非常重要。正是通过对于领型、口袋的针对性设计以及对传统造型的再创作，精工剪裁的夹克再次变得时髦且更具个性化。夹克外套的结构感十足并略带一些宽松，裤子则依然保持紧身合体的造型设计，有时低裆以及拉长裤型的垂直剪裁能够成为整个裤装的亮点。裤装的设计打造出另一种平衡，在宽大裁片和大活动量褶裥的组合设计，裤装造型的对比感很明显，这使人不得不联想起查理·卓别林造型风格中与之搭配的瘦小上装。而其他的一些设计要点有不对称造型的背心和针织上衣、单片撞色设计以及层叠设计等。针织上衣比较长，在后背上部采用打褶设计，或使用透明面料填补镂空部位进行创作。在这些草图中，使用在裤装以及外套上的方形贴袋是一个重要的设计细节。此外，夹克和外套中高领设计，创造出一种保守的廓型视效。作为"补充成分"的围巾、腰带等配饰更为整件作品增添了些许颓废的摇滚范儿。

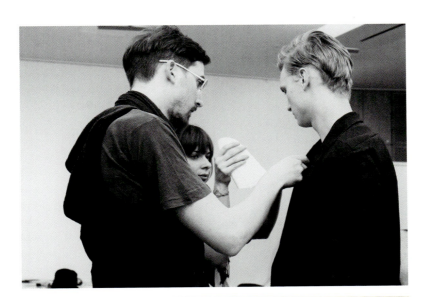

作品风貌

　　服装由5个部分组成，整体呈现出一种精致而简约的廓型视效。宽敞的外套由黑色的丝绒混纺面料缝制而成，整体平顺而流畅，外套前襟的领子宽大而深邃，并且裁剪制作精良。外套里搭配一件柔软的深灰色的羊毛针织衬衫，精美的褶裥线条从衬衫的背部一直蜿蜒至前部。超大号围巾在不破坏整体感雅致的基础上，为其增添了一份深邃而颓废的触感。围巾面料由撕碎了的布条按几何规律排列组合，通过手工缝制而成。厚实的粗纺棉麻面料制成的裤装修身合体，呈现出硬朗的构造感，使得下装与整体设计形成鲜明对比。军用复古长靴的搭配，使裤装的整体造型更为精炼与彻底，并带来看似表面凌乱，实则不失规律的造型设计。这诸多设计元素的精妙组合将作品表现得轻盈、诗意而耀眼。

摄影：吉恩·弗朗西斯·克施温特（Jean François Gschwindt）

托马斯·恩格尔·哈特
Thomas Engel Hart

www.thomasengelhart.com

设计师托马斯是一位兼具反传统和创新精神的设计师，这些都表现在板型制作技巧方面的创新，以及运用摇滚风格和错综复杂的素材来源进行创作。他出生于曼哈顿，他曾就读于纽约的FIT学院，并于1990年在纽约的艺术界小有名气。1997年，他来到巴黎，并在贝尔科特高等服装设计学院（Studio Bercot Fashion Design School）继续深造。2001年创立了同名的男装品牌，他的第一个系列很快出现在多个杂志上，例如，英国的*Dazed & Confused*、*AnOther Magazine*、*V*以及*Self-Service*等。正因为在男装设计中的大胆革新，他于2002年被授予了ANDAM时尚大奖。他在接下来的3年工作中努力不断巩固他的品牌，同时为Martine Sitbon做设计。2005年，投入法国高级时装品牌Thierry Muglar Homme的创意总监工作中，并为该品牌打造全新的系列设计。2008年他重新发布了题为THE的设计系列，这又是一次具有争议性的喝彩。

设计目标

这是一位敢于冒险、富有创造力、聪明机智且具有文艺范儿的男孩。他个性十足，非常性感，并且很酷。他很乐于表达出与其他人不一样的自我。

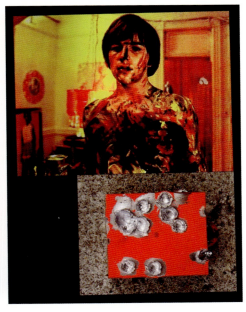

灵感来源

　　我的2010秋冬系列依然是围绕美国进行风格之旅的设计。上一季聚焦的是来自洛杉矶朋克场景的戏剧性着装。这次关注的是1970年早期的纽约，如同受维多利亚时代的影响，这次的焦点来自朋克大杂烩：被考虑的有摄影师乔尔·彼得·威特金（Joel-Peter Witkin）的作品态度，略带自毙狂的纽约时尚娃娃造型，目滞呆板文艺范儿等。面料方面选用了斜纹布、质地较轻的日本棉、较厚实的特富龙纤维材料以及仿软毛皮棉质材料、羊毛亚麻混纺材料、羊毛山羊绒混纺材料、羊毛拉伸固定材料等。色调在强烈的黑灰色中，以红、黄、蓝进行提亮，从而完整塑造托马斯·恩格尔·哈特的设计理念。在浓厚的多彩色和大胆的撞击色相互映衬下，还真不会注意到这是出现在服装上的色彩。

设计创作

　　这次打造的拼贴画式印花，也被称为"大怪物"，其传递的是受纽约大杂烩式的朋克场景影响的素材来源。设计师托马斯对20世纪60年代旧杂志的剪贴等这一创想，成为创作这个系列最为真切的起始点之一。与此同时，这种裁剪是非常微妙的，同时也是比较奇特的，然而主体上仍然保留了张扬的个性和新奇性。

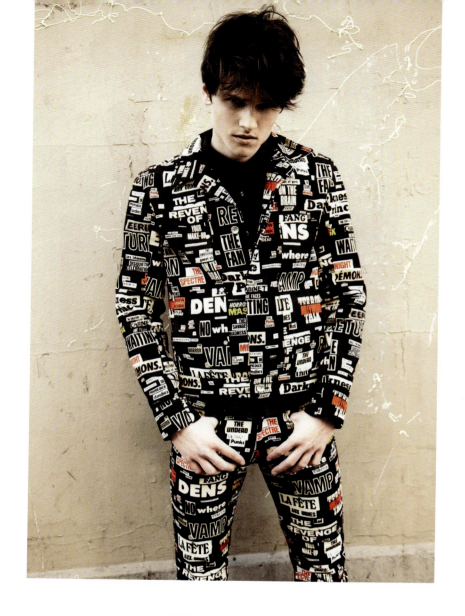

作品风貌

　　最终的作品是比较典型的托马斯·恩格尔·哈特式男装造型风范，锋芒毕露的图案、大杂烩组合印花配以合体修身裁剪的男装范儿，使得这个作品更加丰富。被搭配好的夹克少不了精工细作的衬衫和日式洗磨斜纹牛仔装，重新起锚了20世纪70年代纽约下东区时尚中的破碎雅致嬉皮士之风。

维多利亚 & 卢奇诺
Victorio & Lucchino

www.victorioylucchino.com

在20世纪70年代的西班牙塞维利亚，艺术家约瑟·路易斯·梅迪纳以及来自科多巴的约瑟·维克多·罗德里格斯一起开创了维多利亚&卢奇诺这个品牌项目。他们的理想是通过设计将生活中梦幻般的美演绎成真。自开创他们的品牌以来，以下6个方面的创作素材毫无疑问代表了他们一直拥有的设计风范：与众不同的颜色、经典而巧妙的蕾丝面料、具有明显造型风范的装饰流苏、荷叶边褶皱处理、婚纱礼服以及与时代并轨的设计气质等，同时在设计中将西班牙南部典型的工艺传统与当代设计相结合。在每一季的马德里时装周上，都能够看到该品牌的男女装成衣设计，同时他们的时装作品还分别出现在纽约、米兰、巴塞罗那、德国、日本等时装活动与时装展示中。正因为他们对艺术的热爱，以至于他们的作品经常出现在舞台或是银幕上。该品牌获得了非常多的奖项和认可，其中较为知名的是2003年由西班牙文化部颁发的艺术金质奖章的荣誉。

设计定位

这位他看起来不是那么阴柔、感性，而是钟情于修身而精炼的线条以及耐人寻味的工艺。他是一位不甘于约束和平静，但非常优雅且乐于享受生活中每一滴快乐与舒适的男性。

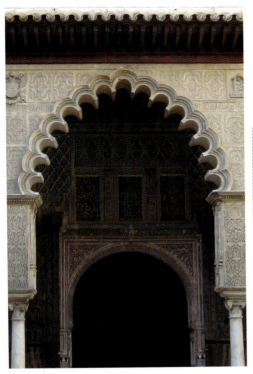

灵感来源

　　灵感来自于安达卢西亚，这里是西班牙的阿拉伯文化、天主教文化以及犹太文化相容并济的摇篮，也是一种真实与纯粹的生活象征。具有安达卢西亚地区特征的造型、艺术、建筑等经常出现在我们的创作中。我们也会从主题构思出发，寻找隐藏在我们内心深处的那种情感。在塑造一位比较理想的男士或女士时，我们会一步步的感知其整体风貌与穿衣哲学。在此，我们所呈现的是2010～2011秋冬里的两款服装。总体上灵感来源于对创作以及材料变化有至关影响的身体造型，这样打造的线条时而感觉魅惑性感，时而因为造型容量的丰富多姿而流露出令人激动的设计感受。针对女装，我们希望营造出一种细腻而悠闲的风姿。而男装中我们选用黑色、灰色以及炭色等烘托出一种深层而中性的色调来。

设计创作

　　设计创作中，一旦草图敲定了，我们就着手面料的选配以及打造符合需要的造型。在女装中塑造其线条和廓型时，我们喜欢选择感觉很对路的模特，并直接在其身体上做立体剪裁；而对于男装设计，我们倾向于使用效果图的方式，在绘制的过程中梳理设计思路。女装需要通过不断地调整来处理好褶裥以及整体容量的造型。一些出现在胸部与腰部的细节，如香草色的缎带等，是塑造具有帝政风范、从胸部一直延伸到脚下的那些褶裥线条的关键细节。对于男装，精工细作已经成为了我们的一种标志，由高品质的羊毛材料呈现的设计无可挑剔。一种非常都市且现代的风貌是基于精工细作与休闲面料的联袂合作而打造的。

作品风貌

　　在这张图片中，女装的设计反映出西班牙品牌设计师维多利亚&卢奇诺所具有的典型特征。由粉红色调丝绸打造的无吊带帝政风貌线条的长裙雍容华丽，同时再现古希腊女神般的魅惑。自然悬垂的褶裥带来浪漫的轻盈与优雅感。胸部的V形分割线以及收腰处理的香草色缎带，凸显出了女神般长裙的风姿绰约。

作品风貌

　　这套男装由以下部分组成：深灰色羊毛打造的针织感紧身合体类长裤，制服类小一字领的府绸衬衫，精工细作的黑丝绒背心以及炭灰色丝绒外套。作品最终配以黑色军用鞋靴以及羊毛织物手套，从而塑造出一个完整的形象。

约克斯·列弗特拉达斯
Yiorgos Eleftheriades
www.yiorgoseleftheriades.gr

　　约克斯是一位来自希腊的时装设计师，他已经推出了40个女装系列和22个男装系列，并在一些不同的城市如雅典、巴黎、伦敦、米兰等进行展出。除此之外，他还是希腊格瑞克图公司的设计总监，由他设计的制服至今依然沿用。在他打造的具有都市化摩登风范的设计里蕴藏着很多经典的造型并反映出具有时代气质的优雅，这些意趣横生的、都市感极强的时装设计通过精良的裁剪以及在面料和肌理上的大胆构想而获得。他热衷于不同材质之间的对比运用，例如，粗糙质地和闪亮材质之间的对比，高科技感与复古材质的对比，具有男性阳刚气概的材料与蕴藏女性阴柔之美的对比，并且能将奢华感和实用性很好的融合在一起。他还一直致力于环境保护事业，这也是自从他踏上时装设计这条道路后一直使用天然环保材料的原因。每个系列中他都将中性色作为主色调，搭配以浓郁的色彩，这样对比强烈的系列设计往往是吸人眼球的，同时也是别开生面的。他的时装设计中具有的永恒魅力以及充斥着的新鲜感，使得他的设计无论是日装还是晚装都被大家欣然接受。

设计目标

　　这位名为艾菲·莉奥莉的女神，是我近20年的至交，也是我这次设计的目标定位。她是我们希腊版*Elle*杂志的时装编辑，也是希腊最时尚的女性之一。

摄影：尼克斯·瓦德卡斯特恩（Nikos Vardakastanis）

灵感来源

　　我的设计灵感来源于一位非常独立而且有自己见解的女性，她一直按照自己鲜明的风格定位穿着。她有着多个角色，能够轻松自如地游走于工作和娱乐之间。面料上运用了欧根纱、平纹细布、华达呢和全真丝。色彩上则采用了黑色，因为黑色是跨季节的颜色，全年可以使用。

页码374+375

设计创作

　　在为艾菲设计服装的时候，首先我会提出一些我认为和她的个性能够很好匹配的建议，然后我们一起交流这些设计想法，并审视一些不同的观点，直到我们碰撞出能够将艾菲自己的穿衣风格和本品牌塑造的时尚风范相一致的设计。这是一款具有多元设计的服装：上装在腰部装有隐形拉链，这个腰部的拉链常被用来连接两个不同的部位（裤子或裙子），拉上拉链后就是一条连衣裙或连体裤。这样的设计即符合本品牌设计的宗旨，又能够满足艾菲本人的要求，因为这款具有多种穿法的万能衣能够使她可以从早穿到晚而不必进行换装。这里的图片展示了包括最后试装在内的整个设计过程。

374　TOP 50新锐国际时装设计师——时尚·创意·设计

作品风貌

　　艾菲·莉奥莉向我们展示了两个造型。第一个造型是连体裤，搭配以外套大衣、厚底凉鞋以及手镯。在第二个造型里，裤装变为连衣裙，裙子的腰部和膝盖处加入了薄透的拼接设计。在这套服装里搭配的是优雅的耳坠以及脚踝缠带的厚底凉鞋。在这些不同的造型中展现给我们的是一位优雅而精明的女性，这是一位能够很好地打理自己的衣橱，通过变换设计让自己在一整天中都光彩照人的女性。

页码376+377　摄影：尼克斯·瓦德卡斯特恩（Nikos Vardakastanis）

扎卓 & 百瑞尔
Zazo & Brull
www.zazobrull.com

夏维尔·扎卓和克莱尔·百瑞尔的创作特点是以讲故事的方式来贯穿整个系列。他们认为服饰不仅仅只是衣服本身，也是一种传递情感、表达思想的桥梁。每一季的创作过程中，他们善于总结个人经历与经验，加上一些已有故事或是偶发事件的润色，并转换成一种设计的动力，从而打造出每个季度都具领先风范的时尚态度。自2003年创立品牌以来，他们先后参与了时尚界的一些活动和展出，包括巴塞罗那Pasarela Gaudi时装周、东京国际时装博览会以及巴黎的Rendea-Vous Femme时尚活动等。他们最新的一个系列引起人们极大兴趣的原因是其援引的一些灵感素材：诸如贝蕾妮丝Berenice、狂人日记（西班牙语Diario de un Loco）、突变的女友（La Novia Mutante）、被遗忘的女主角（Forgotten Heroines）等。浪漫的廓型下蕴藏着深沉而微妙的细节是该品牌设计中的一个显著特点。主题为Fragil的作品是他们最近完成的一个系列，展示于巴塞罗那的圣莫妮卡艺术中心，通过一种装置将艺术和时尚糅合在一起。

设计定位

她很知性，女人味十足，深谋远虑且悠然自得。她是浪漫的、超脱的，有时醉心迷恋，有时又想入非非。表现在她身上的，是一种具有创新风范的当代浪漫，她独立又感性，激情四射而赋予理想，崇尚爱与自由等，这些打破原有规范的内容。一个不断追求独立而自我的女性，她特立独行但不会自命不凡，也不矫揉造作。我们发现下页有一个四张排序而成的图片非常有意思，她正如我们要阐述的那个她，只能看到轮廓与边缘，需要更详细地了解才行。

灵感来源

　　我们每一个系列里都有一位起引领作用的女明星或女主角来帮助我们诠释作品的灵感来源。在2008~2009的秋冬系列中，"血清素"小姐是一位具有不快乐因子的女性，每天她都在努力克服自己那一成不变而又平凡的生活。在X-S09系列中，灵感来源于玛丽·雪莱的小说《最后一个人》，她是地球上最后一位的幸存者。我们的2010年春夏系列中武士道的设计来源于日本武士。它的色彩一般而言是深色调，其中黑色占主导地位，自然色和灰色系是经常会被使用的。根据设计的需要，红色和其他色彩偶尔也会出现。

设计创作

　　创作过程是多元化的，因为这不是一个人的工作，设计的灵感来源于两个不同的角度并逐步统一，然后我们一起研究板型并重新创作服装的样式，尽可能进行准确的表达。对于我们这次希望打造的女性服装，最困难的部分是装饰部分，整个服装的前面部分从颈部到臀部以下，我们镶入了很多金属装饰片于流苏的边缘。这是一个漫长而艰苦的过程，因为整个是手工缝制，而且制作精良，每个装饰片都很好的被镶嵌在最合适的地方。

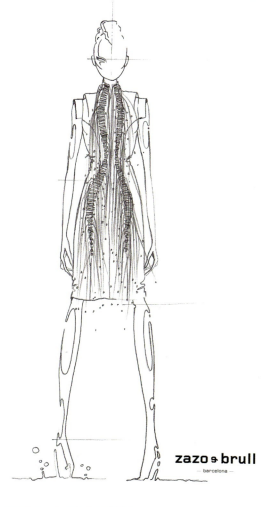

zazo & brull
— barcelona —

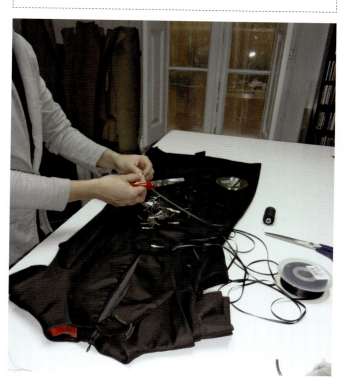

页码383 摄影：比尔·索俄（Biel Sol）

作品风貌

　　整个作品由黑色组成，包括黑色金属的装饰品，这些饰品细节与紧身合体的裙装及具有相同气质的上衣组合在一起，相得益彰。外观上雍容华贵，却隐藏一丝叛逆。流苏及边饰的设计让裙装尽显风采，同时也带来一系列纷繁的造型解析。在本页的图片里，穿着此款服装的模特姿态消遣而悠闲。在下页的图片里，是此款于T台秀场上的风采。

致谢 Acknowledgments

在此我非常感谢参与到本书的每一位时装设计师，感谢他们独到的见解、帮助与支持，以及设计师团队和相关代理机构等的大力协助。如果没有他们也不会有这本书的出现。

多谢参与到本书中那些时尚界专家朋友们的远见卓识，他们分别是：品牌设计师EL·德尔加多·比尔；服装制板与放码专家恩克·布兰科；电脑时装设计绘制专家安娜·玛丽安·洛佩兹；*Neo 2*杂志的拉蒙·法诺；专业试衣机构Fittings Division；流行趋势预测专家娜丽·罗狄；时尚机构普洛诺维斯、*CLFF*、*Vogue*时尚杂志以及弗雷迪·格维利亚、迈克·马德里、乔治·何瑞拉，还有极富魅力的佩拉约王子佩拉约·迪亚斯。

还要特别感谢出版社的编辑安雅·罗瑞勒拉，艺术指导艾玛·泰尔姆，设计与排版的负责人埃斯佩朗莎·艾斯库德罗，感谢各位对此书的帮助，从中我也学习且收获了不少。

感谢我的父亲拿塔尼奥，感谢罗斯给我的支持与帮助，感谢我的兄弟佩德罗，他也是我在谈论时尚时最忠诚的听众，感谢布兰科给与的照料，感谢那些日常陪伴我的朋友们，感谢那些让我微笑的日日夜夜。

感谢巴塞罗那这座城市对我的厚爱，非常怀念科多巴，感谢我的母亲碧娜尔让我成为了我希望的样子，并借此怀念。